水安全与水生态
研究系列

江苏省"十四五"时期重点出版物
出版专项规划项目

长距离复杂调水工程长效安全运行保障技术

李宏恩　何勇军
李　铮
王朝晴

著

Guarantee Technology of
Long-term Safety and
Stable Operation for Long-distance and
Complex Water Diversion Projects

河海大学出版社
HOHAI UNIVERSITY PRESS

·南京·

内容简介

本书是在国家重点研发计划项目(2016YFC041809)的研究工作基础上编写的,全书共分8章:第1章概述,第2章、第3章分别介绍了复杂引调水工程隧洞施工期和运行期的安全监测技术,第4章介绍了基于监测资料的深埋隧洞围岩参数反演及数值分析,第5章介绍了复杂引调水工程典型建筑物破坏模式,第6章介绍了输水隧洞安全监控指标及拟定方法,第7章介绍了复杂引调水工程运行风险分析方法,第8章介绍了长距离复杂调水工程安全运行智慧管理技术与示范平台。

本书可为引调水工程有关设计院、管理单位的技术人员提供参考,也可作为水利水电工程和安全工程等专业的学生的参考用书。

图书在版编目(CIP)数据

长距离复杂调水工程长效安全运行保障技术 / 李宏恩等编著. －－南京：河海大学出版社,2021.6(2024.7重印)
ISBN 978－7－5630－6998－9

Ⅰ. ①长… Ⅱ. ①李… Ⅲ. ①调水工程－安全技术
Ⅳ.①TV68

中国版本图书馆 CIP 数据核字(2021)第 108685 号

书　　名	长距离复杂调水工程长效安全运行保障技术	
书　　号	ISBN 978－7－5630－6998－9	
责任编辑	成　微	
特约校对	余　波	
装帧设计	徐娟娟	
出版发行	河海大学出版社	
地　　址	南京市西康路1号(邮编：210098)	
电　　话	(025)83737852(总编室)	
	(025)83722833(营销部)	
经　　销	江苏省新华发行集团有限公司	
排　　版	南京布克文化发展有限公司	
印　　刷	广东虎彩云印刷有限公司	
开　　本	718毫米×1000毫米　1/16	
印　　张	13.5	
字　　数	257千字	
版　　次	2021年6月第1版	
印　　次	2024年7月第2次印刷	
定　　价	79.00元	

复杂引调水工程是解决水资源空间分布不均、提高受水区水资源保证率、实现水资源优化配置的有效措施,是促进缺水地区经济发展与水资源综合开发利用的重要途径。我国目前兴建了大量跨地区、跨流域调水工程,以南水北调工程最为著名,而在"十三五"规划172项重大水利工程建设中就有24项重大引调水工程,在建、拟建的重点引调水工程包括引汉济渭、甘肃引洮、吉林西部河湖连通等工程,滇中引水、引江济淮、珠三角水资源配置等工程。引调水工程往往具有跨地区、线路长、地质条件复杂、气候条件多变等特点,工程与水源区、受水区及沿线地域的生态环境、社会环境、气象等诸多因素相互作用与影响,且这种影响长期、持续地发挥作用。此外,工程建设及运行本身还存在诸如特殊岩(土)地质、渠道隧洞和交叉建筑物稳定及其水力特性、冰期输水、优化调度等问题。特别是位于我国西南地区的复杂引调水工程主要结构多以超长深埋隧洞为主,穿越包括地壳运动、高地应力、高地温、高压地下水等复杂地质构造区域。可见,复杂引调水工程的失效模式、安全分析和风险评估的理论与方法、安全监测与预警指标体系、运行管理等有其独特性和复杂性,因此,复杂引调水工程安全监测、风险管理、应急处置等关键技术亟须深入研究。

本书针对复杂引调水工程长效安全运行保障的关键技术问题,拓展了复杂引调水工程全寿命周期安全监测技术;实现了考虑典型失效路径与破坏模式及多监测量协同的监测布置优化;提出了引调水工程安全监控指标拟定方法;建立了长距离复杂引调水工程安全监测预警动态指标体系;提出了长距离复杂引调水工程风险评估方法,建立了长距离复杂引调水工程风险控制标准,综合工程措施和非工程措施提出了长距离复杂引调水工程风险防控对策;研发了长距离复杂引调水工程安全实时监测及预警智慧管理平台。

全书共分8章,第1章由李宏恩、何勇军编写,第2至4章由何勇军、李铮、周宁编写,第5至7章由李宏恩、王芳编写,第8章由王志旺、王朝晴编写。全书由李宏恩统稿。李少林、周克明、徐海峰、杜泽快、卢正超、胡超、彭绍才、胡长华参加了本书的编撰工作。尹志灏硕士、戎文杰硕士、林鹏远硕士参加了本书部分内容编写、资料收集与整理工作。

本书主要内容是在国家重点研发计划项目"长距离调水工程建设与安全运行集成研究及应用"课题 9"长距离复杂调水工程长效安全运行保障技术与示范"(2016YFC041809)研究工作的基础上编写的,课题主要承担单位包括:南京水利科学研究院、长江科学院、长江勘测规划设计研究院、中国水利水电科学研究院。感谢以上单位为本课题的研究做出的重要贡献。

本书付梓离不开中国 21 世纪议程管理中心和水利部国际合作与科技司的关心指导,同时,水利部运行管理司、水利部长江水利委员会、水利部大坝安全管理中心等有关司局为本书完善提出了良多建议,云南省水利厅、内蒙古自治区水利厅、广东省水利厅等单位为本书涉及的技术示范应用提供了大量帮助,在此一并表示感谢!

本书的出版得到了南京水利科学研究院的大力支持和资助,谨表深切的谢意。

限于作者水平,书中难免有不妥之处,恳请读者批评指正。

作者

2020 年 12 月

目录
CONTENTS

1 概述

1.1 研究背景

　　复杂引调水工程是解决水资源空间分布不均、提高受水区水资源保证率、实现水资源优化配置的有效措施,是促进缺水地区经济发展与水资源综合开发利用的重要途径。我国目前兴建了大量跨地区、跨流域调水工程,其中最为著名的"南水北调"工程横跨东中西部,规模宏大。"十三五"规划172项重大水利工程建设中包括24项重大引调水工程。在建、拟建的重点引调水工程包括引汉济渭、甘肃引洮、吉林西部河湖连通等工程,滇中引水、引江济淮、珠三角水资源配置等工程。引调水工程往往具有跨地区、线路长、地质条件复杂、气候条件多变等特点,工程与水源区、受水区及沿线地域的生态环境、社会环境、气象等诸多因素相互作用与影响,且这种影响长期、持续地发挥作用。此外,工程建设及运行本身还存在诸如特殊岩(土)地质、渠道隧洞和交叉建筑物稳定及其水力特性、冰期输水、优化调度等问题。特别是位于我国西南地区的复杂引调水工程主要结构多以超长深埋隧洞为主,穿越包括地壳运动、高地应力、高地温、高压地下水等复杂地质构造区域。在极端条件下,深埋超长隧洞的失效破坏、安全分析和风险评估的理论与方法,施工新材料、新技术和施工安全保障措施,可能的失效模式、失效破坏的演变过程、破坏机理和破坏准则等诸多关键技术问题急需解决。因此,有必要围绕复杂引调水工程的规划、勘测设计、安全高效运行、生态环保等方面开展深入的研究。

　　我国虽在复杂引调水工程建设方面取得了世界瞩目的成就,但工程运行管理技术相对滞后。复杂引调水工程建设与运行全过程的安全性分析评估技术还相对落后;安全管理水平较低,工程安全风险管理研究尚处于起步阶段;复杂恶劣条件下复杂引调水工程建设与管理关键技术、生态友好的复杂引调水工程建设理论与技术等亟待突破;复杂地质环境下大型引(输)水隧洞安全评价体系有待建立健全;复杂引调水工程安全监测、风险管理、应急处置等技术水平亟待提高。

　　随着气候变化、极端气候出现频率增加,加上我国很多复杂引调水工程位于强震区,其安全保障及风险管控也日益受到重视。目前,多数发达国家的水利水电开发程度已经达到了较高水平,如日本、瑞士、法国、西班牙、意大利、美国、加拿大等国,水电开发程度已超过70%,法国和瑞士达95%以上。这些国家大规模的水利水电建设相对较少,研究重点已转向大坝补强加固、环境影响评价、风险管理等领域。它们在基于风险分析技术的风险管理方面开展了多年研究,建立了比较系统的水利工程安全评估、风险分析、除险加固、应急管理技术体系。我国水利工程安全管理大多以传统理念为主,在风险管理方面相对落后。面对复杂引调水工程的地形地质条件与运行环境的极端复杂性,以及地震、特大洪水、滑坡、泥石流、异常干旱等极端事件频发的不利影响,需要提出适应我国实际的复杂引调水工程分析技术和风险管理理论,并从政策层面、制度层面、技术层面和管理层面,工程措施与非工程措施并重,研究复杂引调水工程突发事件科学防范与应急处置技术和对策。

国家重点研发计划项目"长距离调水工程建设与安全运行集成研究及应用"课题9"长距离复杂调水工程长效安全运行保障技术与示范",按照"问题导向、需求驱动"原则,以提升国家水资源安全保障的科技支撑能力为总目标,瞄准国际前沿,服务复杂引调水工程建设与安全保障需求,考虑全生命周期、常态和非常态、复杂建设条件等因素,重点针对水利工程建设和运行的安全与环境生态问题,从基础与应用基础研究、应用技术研发、集成示范与推广三个层面开展攻关研究,协同解决复杂引调水工程建设与安全保障亟待突破的基础理论和关键技术难题,为"十三五"期间172项复杂引调水工程建设、南水北调工程科学决策、水利工程安全管理和风险防控提供科技支撑,以适应复杂建设条件与环境友好等要求,保障复杂引调水工程建设和运行高效节能、安全环保、资源节约。

1.2　长距离复杂引调水工程风险研究进展

1.2.1　国内外跨流域调水概况

我国水资源条件先天不足,全国平均单位国土面积水资源量仅为29.9万 m^3/km^2,为世界平均水平的83%[1],水资源总量为28 124亿 m^3,其中河川径流量为27 115亿 m^3,居世界第六位。但受庞大人口规模影响,我国人均水资源量只有2 100 m^3,不足世界平均水平的1/3,我国是全球人均水资源最贫乏的国家之一[1]。同时,我国水资源时空分布不均,大量淡水资源集中在南方,北方淡水资源只有南方水资源的1/4。据统计,全国600多个城市中有一半以上城市存在不同程度缺水,沿海城市也不例外,甚至更为严重。目前,我国有14个省、自治区、直辖市的人均水资源拥有量低于国际公认的 1 750 m³ 用水紧张线,其中低于 500 m³ 严重缺水线的有北京、天津、河北、山西、上海、江苏、山东、河南、宁夏等 9 个地区。从人口和水资源分布看,我国水资源南北分配的差异非常明显。长江流域及其以南地区人口占了中国总人口的 54%,但是水资源却占了 81%;北方人口占 46%,水资源只有 19%。由于自然环境以及高强度人类活动的影响,这种差异将进一步增强,未来中国水资源利用将面临更为严峻的考验。

引调水工程的兴建是解决水资源时空分布不均问题的重要途径。人类利用水资源的历史源远流长,我国 2400 多年前开凿的京杭大运河就是跨流域调水工程的典型。世界上很多国家自 20 世纪初就开始大规模修建调水工程,如美国加利福尼亚州北水南调工程、巴基斯坦西水东调工程、澳大利亚雪山调水工程等,以及我国近年来相继完成的南水北调东中线、引黄济青、引滦入津、引滦入唐、大伙房输水工程和云南牛栏江—滇池补水等工程都是从丰水流域向缺水流域供水的复杂引调水工程。

美国加利福尼亚州北水南调工程(California State Water Project)于 1951 年由加州议会批准,加州政府投资兴建,全部工程分两期完成。工程主干线长约 1 060 km,于 1973 年竣工,1990 年达到设计输水能力。该工程仍在不断扩展和完善,包括 33 座储水设施、21 个水库/湖泊和若干发电站,工程发电量在 2002 年即已达到 85.7 亿 kW·h,使以洛杉矶市为中心的广大地区受益,受益人口高达 2 300 万人。目前,加州的人口、经济实力、灌溉面积、粮食产量全部位居美国第一,洛杉矶更是发展为美国第二大城市。加利福尼亚州北水南调工程对加州经济起飞的贡献功不可没。

巴基斯坦的西水东调工程,即从西三河印度河、杰赫勒姆(Jhelum)河、杰纳布(Chenab)河向东三河即萨特莱杰(Sutlej)河、比阿斯(Beas)河、拉维河调水。该工程规模巨大,共兴建了 2 座大型水库、5 个拦河闸和 1 座带有闸门的倒虹吸工程,开凿了 8 条相互沟通的连结渠道,总长为 589 km,附属建筑物 400 座。总输水流量近 3 000 m³/s。

澳大利亚雪山工程位于高山峻岭之中,是一项从斯诺伊河流域至墨累河流域的跨流域调水工程。工程于 1949 年开工,1974 年竣工,历时 25 年,工程总投资为 8.2 亿澳元。工程主要由 16 座水库(总库容约 84.7 亿 m³,有效库容 69.1 亿 m³)、7 座水电站(总装机容量为 375.6 万 kW,其中 2 座地下式、1 座抽水蓄能式)、1 座抽水泵站(抽水流量为 25.5 m³/s)、12 条隧洞(总长约 145 km)及 80 km 的输水渠(管)等组成,设计年调水量为 11.3 亿 m³,经水库调节后的年下泄水量为 23.6 亿 m³,新增灌溉耕地 16 万 km²。

我国南水北调工程是缓解北方水资源严重短缺局面的重大战略性工程。以南水北调中线工程为例，它是从汉江丹江口水库取水向京、津及华北地区城市提供生活、工业用水的一项跨流域、大流量、长距离的特大型调水工程，是缓解我国华北水资源严重短缺、优化水资源配置、改善生态环境的重大战略性基础设施。南水北调中线工程供水目标以京、津、冀、豫四省市主要城市的生活、工业供水为主，兼顾生态和农业用水，受水区国土面积约 15 万 km²，包括水源工程、输水工程和汉江中下游治理工程三大部分。其中：水源工程包括丹江口水利枢纽大坝加高工程和陶岔渠首枢纽工程；输水工程包括总干渠工程；汉江中下游治理工程包括引江济汉工程、兴隆水利枢纽工程、部分闸站改造工程和局部航道整治工程等。中线一期工程总干渠于 2003 年年底开工建设；2008 年 5 月中线京石段应急供水工程完工并具备临时通水条件，2008 年 9 月至 2014 年 4 月期间，先后四次利用河北省水库向北京应急供水；2013 年底中线干线主体工程胜利完工，全线贯通；2014 年 12 月 12 日，南水北调中线一期工程正式通水。截至 2020 年 12 月 12 日，南水北调中线一期工程已平稳运行 6 周年，累计调水 348 亿 m³，实现了跨四大流域的水资源合理配置，提高了受水地区水资源和水环境的承载能力，惠及京津冀豫 6 900 多万居民，受水省市供水水量有效提升，居民用水水质明显改善，地下水环境和城市河湖生态显著优化，社会、经济、生态效益同步凸显。

引滦入津工程是将河北省境内的滦河水跨流域引入天津市的城市供水工程，整个工程由取水、输水、蓄水、净水、配水等工程组成。工程自大黑汀水库开始，通过输水干渠经迁西、遵化进入天津市蓟州区于桥水库，再经宝坻区至宜兴埠泵站，全长 234 km。主要工程包括河道整治、进水闸枢纽、提升和加压泵站、平原水库、大型倒虹吸、明渠、暗渠、暗管、净水厂、公路桥以及农田水利配套、供电、通信工程等。工程缓解了天津市的供水困难，改善了水质，减轻了地下水开采强度，使天津市区地面下沉问题得到缓解。

引滦入唐工程是从滦河大黑汀水库引水，跨流域输入蓟运河支流还乡河邱庄水库，再从邱庄水库穿过还乡河与陡河分水岭，经陡河西支渠将水调入陡河水库，然后再从陡河水库将水输入下游和唐山市市区，供城市生活和工农业生产用水。引滦入唐输水工程中引滦入还输水工程位于唐山市迁西县和丰润区境内，穿越滦河与还乡河分水岭，全长 25.8 km，工程由明渠、渡槽、隧洞、埋管、水电站、公路桥和天然河道疏浚工程组成。

牛栏江—滇池补水工程主要由德泽水库水源枢纽工程、干河提水泵站工程及输水线路工程组成。在德泽大桥上游 4.2 km 的牛栏江干流上修建坝高 142 m、总库容 4.48 亿 m³ 的德泽水库；在距大坝 17.3 km 的库区建设装机 9.2 万 kW、扬程

233 m 的干河提水泵站;建设总长为 115.85 km 的输水线路,由泵站提水送到输水线路渠首,输水线路落点在盘龙江松华坝水库下游 2.2 km 处,利用盘龙江河道输水到滇池。设计引水流量为 23 m³/s,多年平均向滇池补水 5.72 亿 m³。工程 115 km长的输水线,输水隧洞就长达 104 km,占到线路总长的 90% 以上。

1.2.2 调水工程安全监控与预警

由于受地形地貌的限制,大规模跨流域调水工程多数要穿越高山、丘陵地区,就需要设计建造很多长距离输水隧洞工程。输水隧洞尤其是数十 km 的超长输水隧洞工程,其工程安全直接关系到调水工程的安全性和可靠性。输水隧洞不仅在结构上有别于公路、铁路等交通隧洞,其运行工况也不相同,输水隧洞所处的特殊地质环境,如埋藏深、地应力高、温度高、渗透压高,存在各种节理、裂隙等不连续面等,这些因素对输水隧洞的安全性有重要的影响。由于长距离输水隧洞工程本身的场地地质条件复杂、施工工艺繁冗,同时又受到岩土力学理论、数值模拟及勘测技术的限制,目前几乎不可能在设计阶段就准确预测和评估在隧洞周围岩体的初始地应力和全部物理力学性状及其在施工运行过程中的动态响应。因此输水隧洞的工程安全不仅取决于设计、施工方法是否合理,更取决于贯穿工程始终的安全监控工作。输水隧洞安全监控的目的包括:一是及时发现工程的异常现象或隐患,为加固处理提供科学依据;二是掌握隧洞运行变化规律,指导运行管理;三是验证设计,检验施工,发展理论。输水隧洞安全监控是一个贯穿隧洞施工和运行全过程的工程,不仅要在工程施工过程中通过安全监控以指导工程施工,保证工程建设安全,在工程建成后,为了保障输水工程安全运行,也要对工程的运行安全进行监控。

输水隧洞工程安全监控工作主要依靠精密仪器,以现场监测为基础,对监测数据进行分析和评价,为保证工程安全提供科学依据,为工程设计的调整和指导施工提供可靠资料,同时还可以深化研究者们对岩土介质物理力学性态的认识,为提高岩土工程的理论和技术水平积累丰富的经验,是实现输水隧洞工程管理信息化的关键环节。我国专门针对输水隧洞安全监控的研究起步相对较晚,在实际工程中大多借鉴坝工建设等岩土工程安全监测的相关经验,因此与输水隧洞安全监控有关的研究相对滞后。输水隧洞安全监控主要包括安全监测、监测资料整编、安全分析与评价、隧洞围岩参数反演、安全监控指标体系和拟定、输水隧洞安全预警等方面。

1.2.2.1 输水隧洞安全监测

输水隧洞是否运行安全一般需要通过分析日常的人工例行巡视检查和自动化仪器监测数据来完成。巡视检查已被大多数调水工程管理单位所采用,这一措施在输水隧洞安全管理中发挥了很好的作用。但一般输水隧洞均埋于地下或山体中,为隐蔽工程,有些部位无法进行人工检查,或有相当的难度,就需要安全监测仪器进行实时监测。仪器监测是指依据有关规范,结合工程实际,在输水隧洞上布设各类安全监测仪器和设备,用以采集隧洞运行的各种性态信息。通过对这些信息的处理和整编分析,结合人工例行检查所提供的情况,对输水隧洞的运行性态及安全状况做出较为客观的评价,这种评价结果可作为隧洞安全运行的依据,还可作为隧洞补强加固或采取其他工程措施的依据。

根据输水隧洞安全监测的目的,监测的主要项目有:位移、渗流、应力应变及温度等,其中位移、渗流和应力监测是最为重要的监测项目,因为这些监测量直观可靠,可基本反映在各种荷载作用下输水隧洞的安全性态,其监测成果可以用来反馈和检验设计、施工质量。

1. 位移监测

输水隧洞在内水压力、外水压力、温度和围岩应力的作用下,会产生位移,位移监测是了解隧洞工作性态的最重要内容。输水隧洞位移监测主要包括隧洞基础变位监测、隧洞与围岩位移监测、隧洞洞段间接缝监测、隧洞洞段错位监测等。输水隧洞位移一般采用多点位移计、测缝计、基岩变位计等进行监测。

2. 渗流监测

输水隧洞渗流监测的主要目的是了解隧洞内外水压力及其对隧洞安全的影响。渗流监测一般采用接触式压力计和渗压计。

3. 应力应变及温度监测

在温度变化、内外水压力和围岩压力下,输水隧洞混凝土结构会发生应力变化,监测应力变化是了解输水隧洞混凝土结构安全性的重要手段。通过分析混凝土结构应力应变的变化情况,可以掌握混凝土结构是否在设计允许的受力范围内工作。隧洞应力应变及温度监测主要包括衬砌混凝土应力应变监测、钢筋应力监测、围岩应力监测和温度场监测等。隧洞应力应变一般采用锚杆应力计、应变计、钢筋计和温度计等进行监测。

1.2.2.2 施工期专项监测

在大量的地下工程实践中,人们普遍认识到,对于隧道及地下洞室工程,其核心问题归结在开挖和支护两个关键工序上。即如何开挖才能更有利于洞室的稳定和便于支护;若需支护时,又如何支护才能更有效地保证洞室稳定和便于开挖。这是隧道及地下工程中两个相互促进又相互制约的问题。输水隧洞施工期专项安全监测是钻爆法、新奥法、TBM法等施工过程中必不可少的一环,是检验围岩稳定与否和支护是否合理的重要手段。我国许多大型水工隧洞在开挖过程中都发生过塌方事故,及时根据施工监测数据的分析结果,加强对不良洞段的支护,可以有效避免塌方等工程事故发生。在地下洞室开挖和支护施工过程的监测手段方面,主要是通过测定围岩收敛变形、爆破振动效应和围岩松动圈等来评价围岩稳定性、支护安全性和确定衬砌结构施工时机。输水隧洞施工期专项监测项目一般有围岩收敛观测、围岩松动圈检测和爆破振动测试等。

围岩收敛位移是隧洞开挖后最直接的响应之一,是了解围岩体变形性质的基础信息,其不仅是判断围岩变形阶段、评价稳定性状态的依据,也是反演力学参数的基本依据。根据隧洞断面尺寸和围岩特性,收敛位移通常采用钢尺收敛计、高精度全站仪或巴塞特收敛系统[2-4]等进行观测。钢尺收敛计应用最为广泛,它便于携带、观测方便,但对于超大尺度的地下洞室(如地下厂房等)或洞室较高的拱顶的收敛观测还存在一定的局限性,主要是收敛计的钢尺不宜过长,否则会产生较大的观测误差,致使观测数据无法使用。采用高精度全站仪进行收敛观测的优点是可以在不影响施工的情况下进行观测,且可观测到隧洞围岩的绝对变形量,有利于变形的计算分析,但对于洞身较长的隧洞,每次观测需从洞外引测基点,费时耗力。巴塞特收敛系统是近年来开发的新型收敛观测系统,它安装于隧洞围岩表面,其优点是不影响施工、可连续进行观测,但造价较高,其有效性还有待进一步验证。

围岩松动范围及其变化是隧洞工程支护设计和评价围岩稳定的重要参数之一,松动圈研究已经成为隧洞开挖评价和洞室整体稳定评价的关键所在[5]。在工程现场,一般用地质雷达法、地震波、声波仪、多点位移计等探测出围岩中破裂带的厚度,其目的是根据检测成果对施工方案进行指导,修正隧洞锚固、支护和衬砌设计参数。

爆破振动效应测试的目的是在隧洞开挖过程中掌握爆破振动效应衰减规律,控制爆破施工工艺,它是保证围岩稳定和施工安全最有效、最直接的监测手段之一。爆破控制稍有不慎易造成隧洞围岩较大扰动,甚至松动,不仅影响施工过程的安全,还将影响到工程建成后长期运行的安全,故隧洞施工过程中的爆破振动测试尤为必要。现场爆破振动跟踪测试是当前经常采用的一种研究与控制爆破振动效应的有效手段,能够比较准确地掌握各种条件下隧洞的爆破振动规律及振动对围岩稳定性影响的特点,特别是可以及时向设计、施工及监理部门反馈爆破振动的信息,为调整施工方案及采用合理的爆破振动控制措施提供直接可靠的依据。爆破振动测试的物理参量主要是质点振动速度和位移,一般采用测振仪进行。隧洞某特定部位的爆破质点振动速度响应值是由爆源类型、爆心距、单段最大药量及总药量、地形地质条件以及具体的施工工艺等因素综合决定的。由于爆破开挖部位经常变化、爆源类型的多种多样,爆破振动的测点必须随爆源部位的改变而改变,以获得隧洞上的最大振动量。

1.2.2.3 输水隧洞安全监测资料整编

监测资料的整编与分析工作是输水隧洞安全监测工作中必不可少、不可分割的组成部分，是监测资料分析以及预警反馈的基础。由于输水工程自身的特殊性和复杂性，一般情况下，直接采用监测得到的原始数据评估和反馈建筑物的安全性态是不现实的。因此，为了实现对输水隧洞工程安全监测的设计目的，一般需要结合建筑物以及不同安全监测时段的特点和要求，分别选用不同的监测手段和方法。为了提高输水隧洞安全监测工作的质量和水平，必须充分认识到监测资料整编工作的意义和价值。故需认真做好监测资料的整理分析工作，其主要内容包括原始观测资料的检验和误差分析、监测物理量的计算、填表与绘图、异常值的识别与处理，以及观测资料整编等。

1.2.2.4 输水隧洞安全分析与评价

大量实践证明，对输水隧洞进行安全监测和监控是监视其安全运行的重要手段，监测资料的及时分析和输水隧洞的运行性态的诊断和评价十分重要。输水隧洞安全实时分析与综合评价是根据各监测量的观测数据和日常巡查结果，依据各类规范和专家经验，对观测资料进行不同层次的分析，将定量分析与定性分析相结合，并通过一定理论和方法进行综合推理，对隧洞安全状况做出综合分析与评价。

近年来，国内外在水库大坝安全分析与评价方面的研究取得了较大进展。国外如法那林（意大利）等探讨了应用人工智能于大坝安全监测的可能性与前景；拉特凯维奇（俄罗斯）等初步开发了高土石坝的专家诊断系统。在国内，许多专家学者已开始进行大坝安全评价专家系统的研究工作，吴中如、顾冲时等[6-8]提出了基于 Client/Server 网络体系的"一机四库"系统结构的大坝安全评价专家系统及基于神经网络的大坝安全评价专家系统，应用模式识别和模糊评判，通过推理机，对四库进行调用，将定量分析与定性分析结合起来，实现了大坝安全性态的实时分析与综合评价，并在青海龙羊峡，福建水口、安砂、池潭、古田溪三级等水电站大坝中得到了应用，取得了较好的效果。刘成栋、何勇军[8,9]等研制开发了水库大坝安全实时分析与评价系统，该系统借助于现代计算机网络、通信及数据库技术，实现了大坝安全管理的信息化和网络化。系统基于 Delphi 编程语言和 DotNet 框架，采用 Microsoft SQL Server 2000 或 Oracle 数据库平台以及 B/S、C/S 混合网络结构，实现监测数据自动整编、实时或定时传输，通过多种建模技术和评判方法，对大坝进行实时监控，并将有关分析结果及各类报表、图件发布到网上，以供远程客户及时掌握大坝当前安全性态。系统结构灵活、运行稳健、界面友好，提高了水库单位的大坝安全管理和决策水平。该系统在内蒙古察尔森水库（土石坝）和安徽丰乐水库（混凝土坝）进行了应用，取得了较好的效果。沈振中等[10]研制和开发了大坝安全实时监控和预警系统,系统采用先进的计算机信息技术,针对施工期、蓄水初期和运行期进行开发,可以满足施工期、蓄水初期和运行期等各阶段实时监控和预警的要求。此外,系统采用了改进粒子群算法,将仿生算法应用于大坝安全预警系统,并将块体系统理论用于拟定大坝安全预警指标。然而,目前在输水隧洞安全分析与评价方面的研究较少,对输水隧洞安全监控与预警的研究更少。

1.2.2.5　输水隧洞围岩参数反演分析

输水隧洞的安全性和稳定性与许多因素有关,如围岩构造、围岩物理力学特性、初始地应力、地下水作用等,要做到输水隧洞工程在施工开挖之前就能准确地确定各项支护参数,以及最优的开挖支护方案是很困难的。输水隧洞设计是依据围岩物理力学参数和设计断面来进行的,虽然计算手段已相当完备,但计算中未考虑到施工过程中地质条件的变化,因此掌握隧洞围岩实际物理力学参数对监控输水隧洞工程的稳定性和长期安全运行十分必要。现有设计方法一般是根据地勘资料确定的参数,应用结构力学方法,建立计算模型,再利用各种解析方法、数值方法等进行稳定性判断,并提出最优开挖、支护方案。这往往与实际情况有一定差距,首先地应力的分布千差万别,其次围岩的非均匀性、各向异性及非线性使得反映输水隧洞周围岩土体特性的本构关系模型难以与岩土体的实际性质完全一致。因此,输水隧洞的支护和衬砌方案应根据隧洞开挖、监测的实际情况进行适当调整。

反演分析是以隧洞开挖和支护过程监测信息为依据,获得围岩物理力学参数的有效方法。随着隧洞工程围岩稳定理论的发展,以工程现场监测信息为依据来反推岩体力学参数和初始地应力等反演分析的方法已经受到了足够的重视,反演分析已经逐渐成为勘测、设计及施工过程的重要的数值计算方法。反演分析的目的是通过现场监测资料得到反映围岩性状和结构稳定性的指标,如初始地应力场、真实地应力场、岩体变形、强度参数等。隧洞施工过程中监测信息可以作为输入量,反演计算围岩的物理力学参数来检验地质信息的正确性,并利用反演分析求得的围岩力学参数应用数值计算方法对工程施工过程围岩稳定性进行分析计算,进而指导工程的后续施工。输水隧洞反演分析的方法一般有结构力学法、数值分析法和经验类比法等,主要反演计算围岩的变形模量、泊松比、黏聚力、内摩擦角、容重和抗拉强度等。

近年来,许多学者在隧洞围岩物理力学参数的反演分析方面做了有益的探索[11-15]。宋彦刚等[16]以四川紫坪铺水利工程导流洞施工过程的工程措施为仿真分析对象,跟踪监控测量围岩变形和支护结构受力,获取围岩动态稳定性态以及支护结构性态的综合信息,仿真反演分析围岩各洞段的力学参数与初始地应力,为支护结构的优化设计等提供依据。郝哲等[17]基于差分法、正交设计和人工神经网络建立了隧洞围岩物理力学参数反分析方法,该方法按照正交设计要求选取不同物理力学参数,用 FLAC 差分程序计算得出相应的神经网络分析样本,进行网络训练和网络结构及学习参数优化,利用现场监测数据,对韩家岭隧道围岩物理力学参数进行神经网络反分析。傅志浩等[18]基于三维弹塑性损伤有限元方法,依据围岩位移分析数据得到的信息,采用变尺度优化方法对地下工程进行反演分析,取得了较为实际的围岩物理力学参数,并对后续围岩变形进行合理的预测。朱珍德等[19]基于长期现场监测变形位移数据,借助粒子群优化 BP 神经网络对隧道围岩位移进行了反演分析,该方法利用粒子群算法来优化改进 BP 神经网络模型参数,建立最优的待反演参数和位移之间的非线性映射关系,最后再用粒子群算法搜索满足实测位移值的最合适参数。这些反演分析方法大多是基于隧洞围岩性状各向同性的假定,且均以隧洞壁处的最终位移量为目标函数,未能考虑隧洞围岩不同方向、不同深度各部位岩土质参数的差异性,在反演分析中也未考虑地下水压力对围岩和支护结构的影响,存在一定的局限性。

1.2.2.6 输水隧洞安全监控指标体系和拟定

国内外大量事实表明,输水隧洞破坏是个从渐变到突变的过程,开始时隧洞可能出现一些局部缺陷,当这些缺陷发展到一定程度时,隧洞的安全性态迅速恶化,造成破坏。因此,若能及时收集隧洞安全监测资料,并对其安全性态进行分析评价,发现问题及时处理或加固,就可以避免破坏的发生。为了正确评价输水隧洞的安全状态,需对隧洞进行时空规律评判、力学规律评判、数学模型评判、监控指标评判、日常巡查评判及关键问题评判等,其中监控指标作为最主要的安全评判准则,是评价和监控输水隧洞安全的关键指标,是建立隧洞预测预警系统的基础。它不仅可以快速地判断隧洞的安全状况,而且使管理者监控输水隧洞的安全运行有据可依。因此,拟定科学合理的监控指标是输水隧洞安全监控的核心和关键。

在大坝安全监控指标方面,许多学者作了有益的探索。吴中如[20]提出了大坝安全监控指标的置信区间估计法、典型监测效应量的小概率法和极限状态法。置信区间估计法是基于以往的观测资料,用统计理论或有限元计算,建立监测效应量与荷载之间的数学模型,用这些模型计算各种荷载作用下监测效应量与实测值的差值,以该差值是否落入某概率的置信区间内作为评判大坝运行性态的标准。典型监测效应量的小概率法是在以往实测资料中,选择不利荷载组合时的监测效应量,对其进行分布检验,并确定其概率密度函数和极值,以此作为评判大坝运行性态的监控指标。上述两种方法均存在如下缺陷,若大坝没有遭遇过最不利荷载组合作用或者资料系列很短,所拟定的指标只能用来预测大坝遭遇荷载范围内的效应量,未必是真正意义上的安全警戒值;其次,选择建模的资料系列不同,分析计算的标准差以及置信区间的大小也不同,如果计算的标准差较大,可能会出现"漏报"情况;此外,这两种方法没有联系大坝失事的原因和机理,也没有联系大坝的重要性(等级和级别)等。极限状态法首先要求解出满足各种安全极限状态下大坝所能承受的最不利荷载组合,然后再借助数学模型求得极限监控指标,或者求出最不利荷载后,根据监测成果反演出的坝体坝基物理力学参数,再由结构计算求得极限监控指标,但该方法需要比较完整的大坝和坝基物理力学参数以及观测资料。谷艳昌等[21]把蒙特卡罗方法引入大坝安全监控指标拟定中,结合大坝原型观测资料,并考虑了基本变量的随机性,所拟定的变形监控指标不仅具有概率意义,同时也对坝体的结构和材料特性进行了模拟,因此较传统方法更加合理科学;该方法本质上是一种结构分析和统计学相结合的方法,需要大量的观测资料作支撑,且基本变量的假定分布具有人为因素。虞鸿等[22]将威布尔分布代替典型小概率法拟定指标时采用的正态分布,拟定了大坝变形的监控指标。杨健等[23]采用遗传算法优化的最大熵理论拟定大坝应力应变的监控指标,这两种方法本质上都是统计学方法。郑桂水[24]应用非线性有限元计算拟定了引滦隧洞的变形监控指标,这是一种结构力学方法,需要较为准确的隧洞衬砌和围岩的物理力学参数,其拟定的监控指标才是准确的。

目前,关于隧洞安全监控指标拟定方法的研究较少,现有的研究也基本是仿照大坝安全监控指标拟定方法,大多采用的是统计学方法。由于一般输水隧洞监测资料系列较短,以及隧洞围岩地质条件、隧洞运行环境的复杂性,拟定的监控指标适用性不强,有些还不甚合理。建立输水隧洞安全监控指标不仅要联系实测资料,反演隧洞及围岩系统的力学参数,而且还需要了解输水隧洞本身的运行环境及安全状态。数理统计方法方便简单,但是与隧洞的结构联系较少。故应结合其他理论和方法为数理统计方法提供科学依据,使其具有明确的物理意义。极限状态法和结构分析法考虑了输水隧洞的结构形态并结合了隧洞的安全状态。极限状态法还考虑了坝体的随机性,是拟定监控指标的主要方法,并且可以为输水隧洞结构不断变化的施工期建立安全监控指标。但是由于输水隧洞的安全状态与隧洞的破坏模式紧密相连,故在拟定输水隧洞的安全监控指标时,应结合输水隧洞的破坏模式进行分析,研究更加合理的临界状态判据与准则,使输水隧洞的安全监控指标真正成为隧洞安全与否的判断标准。

1.2.2.7 输水隧洞安全预警

建立输水隧洞安全预警系统的目的是要能灵敏、准确地告示危险前兆,并能及时提供警示,其作用在于超前反馈、及时处置、防患于未然,最大限度地降低事故的发生,避免造成生命和财产损失。

安全预警系统主要包括预警信息系统、预警评价指标体系和预警评价系统,其核心是预警评价指标体系。典型的安全预警基本流程如图1-1所示。输水安全预警系统的主要内容应包括:

(1) 安全分析与评价。根据安全监测信息,对输水隧洞现状安全运行性态和未来趋势进行分析和评估。

(2) 警情分析与评价。根据预警指标、警源类型和警情分析模型,对水库的安全运行状况进行分析,确定报警类型和报警级别。

(3) 警情发布。根据警情分析成果,对外发布警情信息。

(4) 决策支持。提供运行和应急处置的辅助决策。

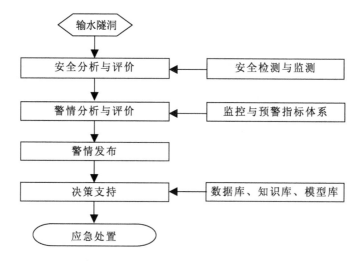

图 1-1 安全预警基本流程

由于输水隧洞安全预警的相关研究起步较晚,我国在长距离输水隧洞工程中成功应用安全监控与预警系统的实例较少。

输水隧洞安全监控与预警是一个涉及水利工程科学、工程安全科学、管理科学、灾害科学、计算机科学、系统工程科学和信息科学等多学科交叉的研究领域,是一项系统而复杂的工作。由于我国开展输水隧洞安全监控与预警技术的研究起步较晚,隧洞围岩反演分析、输水隧洞监控指标拟定等方面尚存在许多问题有待研究,要提高预测预警的可靠性,不仅需要大量的监测数据资料,还需要不断完善预报预警模型的识别能力,提高安全预警和决策能力。

1.2.3 建筑物风险分析

根据复杂引调水工程的构成特点及建筑物的功能,一般可以将典型复杂引调水工程系统分解成四大子系统：交叉建筑物系统、输水渠道工程系统、输水隧洞工程系统和控制物系统。典型复杂引调水工程系统的分解示意图如图 1-2 所示。

图 1-2　复杂引调水工程系统的分解示意图

1. 交叉建筑物系统

输水线路与沿途的河流、铁路、公路相交，一般采用交叉建筑物的形式，交叉建筑物主要包括河渠交叉建筑物、渠渠交叉建筑物、铁路交叉建筑物、公路交叉建筑物、分水口门、节制闸、退水闸、排冰闸、隧洞。根据交叉建筑物的规模以及交叉建筑物的主要风险源，交叉建筑物系统主要是指河渠交叉建筑物，根据建筑物的结构形式，可以分为渡槽、倒虹吸、涵洞三大类。

交叉建筑物在穿跨越大小河流中起到了不可替代的作用，同时，交叉建筑工程本身在运行过程中也存在一定的风险。国内在交叉建筑物失效机理与风险识别方面的全面细致的研究较少。韩国宏等[25]提出交叉建筑物的水毁风险和一种计算其风险的方法。夏富洲[26]对渡槽的水毁机理进行了分析，并提出了相应的修复措施。冯平[27]等提出一种利用结构可靠度理论计算渡槽和倒虹吸水毁风险的方法，但没有对其水毁机理进行分析，也没有考虑其他类型的风险。宋轩等[28]以南水北调中线工程的特性为基础，将中线三大类交叉建筑物（渡槽、倒虹吸、涵洞）的失效模式总结为整体滑移与失稳、渗漏水和结构裂缝。从交叉建筑物的失效模式入手，分析导致交叉建筑物失效的直接原因，分别为地基不均匀沉降、应力超过材料强度、止水破损等八类，进一步识别其风险因子，包括洪水破坏、地震破坏、冰冻灾害、设计施工及运行养护不到位等四大类。

2. 输水渠道工程系统

对于明渠输水来说，堤防工程在抵挡洪水压力时扮演着重要的角色，在保护周边人民生命安全和财产等方面起着举足轻重的作用。从全国范围看，根据 2012 年我国水利普查结果，我国堤防总长度达 413 679 km，由于存在筑堤防洪标准低、施工质量差、维护管理不当等缺陷，部分堤防工程自身存在安全隐患和失事风险，一旦这些安全隐患转化为现实，必然会给沿线人民的生命财产和当地经济发展带来毁灭性打击。最早我国对堤防安全性的重视可追溯至新中国成立初期。1950 年 6 月，党中央发布了《中央防汛总指挥部关于堤防大检查的通知》，该通知提出"保堤""保面""保水位""保流量"，就是要保证大堤不溃决、保证人民安全。

王栋等[29]指出风险分析最早是在防洪系统领域得到较广泛应用的；以风险的基本概念为基础，在排雨水道涵洞设计、堤防河道行洪、洪水及风险管理决策等诸多方面对防洪系统风险分析开展研究；同时介绍了几种常用的风险分析方法：直接积分法、MC（蒙特卡罗）法、MFOSM（均值一次两阶矩阵）法、AFOSM（改进一次两阶矩阵）法、SO（二次矩）法、JC（当量正态化）法等。李青云等[30]对堤防工程安全评价的理论与方法进行了较为系统的研究，论述了长江中下游堤防工程的特点和破坏机理，系统分析了与堤防工程安全有关的基本因素，针对堤防工程安全评价的层次性和动态性特点，初步建立了长江中下游堤防工程安全性评价理论框架，并提出了堤防工程安全评价的方法和模型。曹云[31]结合南京市板桥河左岸堤防风险分析及风险管理研究的工程实例，通过构建风险计算模型，运用基于可靠度的风险分析方法计算分析了典型断面的各种主要破坏模式下的风险率及其临界值，对堤防防洪失事风险进行了综合分析和评价，同时基于风险管理决策对板桥河堤防提出了降低风险的措施和堤防汛期洪水位运行管理的建议。邢万波[32]采用故障树分析方法对堤防失事破坏类型进行了分析，将堤防失事模式分为 3 个层次 8 种分项失事模式，并依据所进行的堤防失事模式分析，分别推导建立了堤防分项失事模式风险率计算模型，并提出了分项失事模式功能函数及其功能函数中随机变量的估计方法。高延红[33]以风险理论为基础，根据现有堤防工程存在的主要隐患，分析堤防工程的典型破坏形式，建立了现有堤防工程系统的风险评价模型，提出堤防工程系统破坏的后果评价方法和基于风险指标的加固排序方法，并研究了淮河流域的南四湖西大堤典型堤段的加固排序。我国学者围绕不同区域的堤防工程开展了大量卓有成效的研究工作，上述研究工作为本项目的研究奠定了重要基础。

3. 输水隧洞工程系统

我国隧洞风险分析绝大多数聚焦于单个事故场景。如针对岩爆风险、围岩失稳风险、涌水风险等。针对工程运行期的风险及其风险后果，王桂平等[34]对隧洞运行期风险水平和风险后果进行了等级分类，分析了隧洞管理成本中风险成本与风险效益之间的关系，归纳了影响隧洞耐久性的因素，采用专家调研法，由工程实例评价了水工隧洞的风险等级。赵彦博[35]基于对水工隧洞基本力学问题的分析，从风险管理的总目标出发，基于 PDCA（Plan-Do-Check-Action）风险管理环建立了水工隧洞全生命周期动态风险管理体系。

4. 控制系统

复杂引调水工程整体上采用了串联的形式，因此，在整个复杂引调水工程中，一般会修建多座节制闸用于控制不同段的流量和水位。节制闸是影响调水安全运行的重要工程之一。因此，控制系统主要指复杂引调水工程中的节制闸、退水闸等工程。

闸门控制故障是威胁长距离输水渠道正常调度运行的常见风险之一，研究闸门故障工况下渠道水力响应及快速应急调度响应措施对长距离输水渠段安全运行具有重要意义。目前已经有学者专家针对长距离输水渠道突发事件应急调控开展了研究工作并取得一系列成果，但未对其出现险情的风险因子进行识别分析。为了更好地避免险情发生或及时发现险情，有必要对其内部风险因子展开进一步研究。

1.2.4 风险因子识别方法

复杂引调水工程是关系到我国社会和经济全面可持续发展的重要水利工程，具有十分重要的战略意义。复杂引调水工程调水线路长、工程规模大，沿线有众多渡槽、隧洞和倒虹吸等大型跨（穿）河建筑物，这些关键建筑物的运行风险评价和防控对调水工程这一巨大且高度复杂的线状串联系统的安全运行极其重要。目前国内外对于水利工程的风险评价主要集中在大坝风险分析和堤防风险分析，对于复杂引调水工程的风险分析大部分是针对整个工程沿线干渠的风险分析，包括洪水风险、供水风险、冰冻风险、水质风险等。

李爱花等[36]提出工程风险是不利因素集聚、发展以致形成对工程有破坏作用的潜在危险的统称。而通过对大量来源可靠的信息资料进行系统分析，找出风险之所在和引起风险的主要因素，是进行工程风险评估及管理的首要任务。

目前风险因子识别方法较多，《风险管理风险评估技术》（GB/T 27921—2011）提出了21种风险因子识别方法，归纳各类方法见表1-1。

除了表中列出的风险因子识别方法外，使用较为广泛的还有层次分析法（Analytic Hierarchy Process，AHP）。近几年层次分析法在复杂引调水工程风险管理中的应用已经取得了不少成果。刘涛等[37]人基于层次分析法建立了南水北调汉江中下游干流供水风险综合评价模型。孙昊苏[38]针对PCCP管线管护中可能发生的问题进行风险识别，进而采用层次分析法定量比较各风险因子所占比例，找出薄弱环节并提出应对策略。赵然杭等[39]综合利用模糊意见集中决策和层次分析法对引调水工程突发事故分析进行评估。

表 1-1　风险因子识别方法

序号	风险评估技术	风险因子识别适用性	序号	风险评估技术	风险因子识别适用性
1	头脑风暴法	非常适用	12	人因可靠性分（HRA）	非常适用
2	结构化/半结构化访谈	非常适用	13	以可靠性为中心的维修（RCM）	非常适用
3	德尔菲法	非常适用	14	压力测试	非常适用
4	情景分析	非常适用	15	保护层分析法	适用
5	检查表	非常适用	16	业务影响分析	适用
6	预先危险性分（PHA）	非常适用	17	潜在通路分析（SA）	适用
7	失效模式和效应分析（FMEA）	非常适用	18	风险指数	适用
8	危险与可操作性分析	非常适用	19	故障树分析	适用
9	危害分析与关键控制点（HACCP）	非常适用	20	事件树分析	适用
10	结构化假设分析（SWIFT）	非常适用	21	因果分析	适用
11	风险矩阵（Risk Matrix）	非常适用			

随着人工智能与机器学习在不同领域的大力发展,更多相关算法被应用于水利工程的风险管理中,目前国内外学者在风险识别、风险评估、分析预测、风险分担等方面的研究已经相对完善,并取得了很多研究成果。Ayello 等使用贝叶斯网络概率图模型创建了管道风险评估模型,分别计算了内部和外部腐蚀风险、制造和施工风险、自然灾害风险、第三方损害风险和维护错误风险。曹丽[40]将 BP 神经网络和 RBF 神经网络分别应用于工程的两个方面——工程项目综合风险评价和索赔、变更风险管理,并由此建立了基于神经网络的风险管理专家系统。由此可见,人工智能、机器学习中相关算法在风险管理中的应用为工程风险识别提供了新的思路。

除此之外,过去被人们用于分析解决企业系统问题的系统动力学也逐渐应用于风险管理中。系统动力学(System Dynamics,SD)是一门分析研究信息反馈系统的学科[41],它是由 Forrester 教授于 1958 年为分析生产管理及库存管理等企业问题而提出的系统仿真方法。目前,系统动力学在水利工程中大多用于水资源系统模拟、项目经济评价分析等。王嵩等基于系统动力学理论建立了大型水利工程应急管理系统的仿真模型,将保障系统、运作系统、激励系统、约束系统和目标系统作为系统模型的子系统,研究了其内部复杂的动态变化关系。邓丽等[42]从政府支持、公众参与、第三方参与三个层面构建重大水利工程决策社会稳定风险评估有效性的协同驱动模型。虽然目前将系统动力学应用于水利工程风险分析的研究较少,但其他领域(如通航、生态、金融等)已经将系统动力学理论作为风险分析的常用手段,它可用来处理非线性、高阶、多重反馈的动态系统问题。

1.3 研究目标与内容

1.3.1 研究目标

针对复杂引调水工程建筑物类型众多、运行条件复杂、工程险情种类多样的特点,本课题的研究包括:

(1)复杂引调水工程全寿命期安全馈控与监控诊断理论;

(2)复杂引调水工程全寿命周期监测技术创新,考虑典型失效路径与破坏模式及多监测量协同的监测布置优化的实现方法;

(3)复杂引调水工程风险评估与风险控制标准的建立方法,适用于工程实际的工程措施与非工程措施风险防控对策;

(4)复杂引调水工程应对自然灾害监测预警及应急处置与管理技术,复杂引调水工程长效安全运行智慧管理技术。

围绕课题拟开展的各项研究内容,拟采用理论分析、数值模拟、现场调查、仪器研发与调试、软件编制和工程实例研究相结合的研究方法。本课题研究思路如图1-3所示。

1.3.2 研究内容

1. 复杂引调水工程全寿命期安全馈控与监控诊断理论

(1)研究长距离复杂引调水工程全寿命期内性态演变规律与灾变模式;

(2)考虑地震、地质灾害等主要自然灾害致灾因子的典型破坏路径分析,研究自然灾害等变化环境下长距离复杂引调水工程的可能失效路径与模式、极限承载能力及长期安全性;

(3)研究复杂引调水工程安全监控指标拟定方法;

(4)研究提出风险指引的长距离引调水工程全寿命期安全馈控方法。

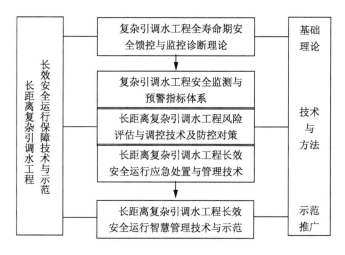

图 1-3　课题研究思路

2. 复杂引调水工程安全监测与预警指标体系

（1）研究复杂引调水工程全寿命周期安全监测技术；

（2）实现考虑典型失效路径与破坏模式及多监测量协同的监测布置优化；

（3）建立长距离复杂引调水工程安全监测预警动态指标体系。

3. 长距离复杂引调水工程风险评估与调控技术及防控对策

（1）提出长距离复杂引调水工程风险评估方法；

（2）建立长距离复杂引调水工程风险控制标准；

（3）提出复杂引调水工程风险防控对策。

4. 长距离复杂引调水工程长效安全运行应急处置与管理技术

（1）研究长距离复杂引调水工程关键环节事故类型分析与破坏模式判别；

（2）研究考虑变化环境下长距离复杂引调水工程的典型破坏模式的应急处置措施与方法库；

（3）探索复杂引调水工程长效安全运行应急调度与处置机制。

5. 长距离复杂引调水工程长效安全运行智慧管理技术与示范

（1）研发长距离复杂引调水工程安全智能巡检系统；

（2）研究大数据、云计算技术与传统安全评估的信息融合方法和智慧云安全评价方法；

（3）研发风险指引的长距离复杂引调水工程安全实时监测及预警智慧管理平台；

（4）在国内已建和在建大型引调水工程中完成平台示范应用。

2 复杂引调水工程隧洞施工期安全监测技术

2.1 概述

隧洞开挖破坏了原岩体的应力平衡状态,使围岩应力发生了显著变化。一是隧洞周边径向应力下降为零,围岩强度明显下降;二是围岩中出现应力集中现象,如果集中应力小于岩体强度,围岩处于稳定状态,如果集中应力超过围岩强度,隧洞围岩将发生破坏。这一破坏发展到一定深度后会取得新的应力平衡,产生一定的破坏松动范围。围岩松动范围及其变化是隧洞工程支护设计和评价围岩稳定性的重要参数之一,松动圈研究已经成为隧洞开挖评价和洞室整体稳定评价的关键所在[5]。在工程现场,一般用地质雷达法、地震波法、声波检测法等测试出围岩中破裂带的厚度,其目的是根据检测成果对施工方案进行指导,修正隧洞锚固、支护和衬砌设计参数。

爆破振动效应的研究目的是在隧道开挖过程中控制爆破振动的衰减规律,控制爆破的施工工艺,是保证围岩稳定和安全施工的最有效、最直接的监测手段。爆破控制的轻微错误都会引起隧道围岩较大的扰动,甚至松动,不仅影响施工过程的安全,也会影响到一个长期运行工程的安全性,所以隧洞爆破振动监测变得尤为必要。现场跟踪观测爆破振动是研究和控制爆破振动效应的一种有效手段,能准确把握爆破振动的特点和规律,以及在各种条件下对隧洞围岩稳定性的影响,特别是能及时向设计、施工和监理部门反馈爆破振动的信息,为施工方案的调整以及采用合理的爆破振动控制措施提供直接可靠的依据。爆破振动监测的主要物理参数为质点振动速度和位移,一般使用测振仪监测。隧洞内某一特定部位的质点爆破振动速度响应值由爆炸源类型、距爆破中心距离、炸药单节最大剂量和总剂量、地形地质条件和具体施工工艺等因素决定。由于爆炸现场爆破部位和爆炸源类型的变化,爆破振动测量点必须随爆炸源的改变而改变,以获得隧洞中最大的振动量。

2.2 输水隧洞围岩收敛观测

收敛观测作为评价围岩稳定性、支护安全性和确定衬砌结构施工时机的重要手段,直接为施工安全服务。当地质条件、洞室尺寸和形状、施工方法确定时,隧洞围岩的位移主要受空间和时间两种因素的影响:"空间效应"是掌子面的约束作用产生的影响;"时间效应"是指在掌子面约束作用解除后,收敛位移随时间延长而增大的现象。这两种效应是反映围岩稳定性的重要标志,可以用来判别围岩稳定情况、支护时机,推算位移速率和最终位移量。

收敛观测获得的累计变形量和变形速率均能直观地反映出洞室的稳定性,因此通过变形量和变形速率来分析判断围岩的稳定量,制定控制基准,是确保施工安全的重要途径。一般以制定最大累计变形量或最大变形速率来判断洞室的稳定性,其值大小可通过经验获得,亦可通过试验或模拟计算获得。目前国内由于受各种条件的限制,大多通过经验获得基准值。事实上,基准值的确定是评价施工安全的关键所在。变形量的大小与测点间的相对距离和洞室跨度有关,也决定于地质条件和施工方法,因此在实际操作中,常以变形速率的递减或递增情况来判断洞室是否趋于稳定。

2.2.1 观测断面和测线

输水隧洞收敛观测断面和测点位置应根据地质条件、围岩应力大小,施工方法和支护型式设置。每开挖一定间距选择一个观测断面,根据隧洞或地下洞室长度,观测断面间距一般为 20~200 m。在湿陷性黄土、膨胀土、软黏土等土质较差的洞段,应选择合适的位置设置收敛桩,以便在隧洞放空时进行收敛观测,了解和掌握隧洞运行期的工作状态,发现问题及时处理。

为了能及时观测到隧洞开挖后的围岩初始收敛变形,初测观测断面应尽可能靠近开挖掌子面,距离不宜大于 1 m。

测点布置优先考虑拱顶、拱座和边墙。基线的数量和方向应根据围岩的变形条件、开挖方式和洞室的形状大小确定。一般采用三点三线、五点六线或五点七线等形式。见图 2-1(a)、(b)、(c)所示。

2.2.2 观测桩埋设和观测方法

1. 观测桩埋设

为了测量准确,测点应牢固地埋设在围岩表面,其埋设深度不宜小于 20 cm。

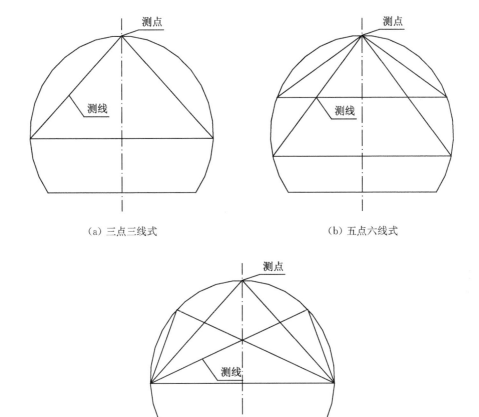

(a) 三点三线式　　　　　　　　(b) 五点六线式

(c) 五点七线式

图 2-1　收敛观测线布置

先清除岩壁测点埋设处的松动岩石,用钻孔工具垂直洞壁钻孔,然后将膨胀螺栓固定在孔内、拧紧。在岩石破碎较严重的地方,可用冲击钻或攒子打一个较深较大的孔,然后用快干水泥砂浆将测头埋入,待砂浆凝固即可。为防止后续施工对测头可能产生的破坏,在孔口应设保护装置。

测头可用 $\phi14$ 的长杆膨胀螺栓或长 20～30 cm 的 $\phi16$～$\phi22$ 螺纹钢筋。在顶端加工一个 M6×25 左右的螺孔,把不锈钢制作的挂钩拧上即可。

2. 观测时间

收敛观测频率根据设定的断面观测时间、围岩的变形速率、距离掌子面的距离等因素确定。收敛观测的开始时间应在开挖后 24 h 内和下一循环开挖之前测读初始值,以获取围岩开挖初始阶段的变形动态数据。一般新设观测断面的测量频率为 1 次/d,距离掌子面 4 倍洞径时或测值趋于稳定时为 1 次/(3~5)d,遇到特殊情况时可以增加测次。观测的结束时间一般在围岩基本稳定后,无明显变形时。也可根据围岩收敛变形速率确定观测频次,见表 2-1。

表 2-1　收敛观测频次

变形速率	距工作面距离	观测频次	备注
大于 10 mm/d	0~1B	1~2 次/d	1. B 为隧洞开挖宽度; 2. 节理、劈理发育的岩层,在丰水期,应适当加密观测频次
10~5 mm/d	1B~2B	1 次/d	
5~1 mm/d	2B~5B	1 次/2 d	
小于 1 mm/d	5B 以上	1 次/周	

　　3. 观测方法

　　根据隧洞断面尺寸和围岩特性,收敛观测通常采用高精度全站仪、钢尺收敛计或巴塞特收敛系统等进行观测[2-4]。采用高精度全站仪进行收敛观测的优点是可以在不影响施工的情况下进行观测,且可观测到隧洞围岩的绝对变形量,有利于变形的计算分析,但对于洞身较长的隧洞,因每次观测需从洞外引测基点,费时耗力。巴塞特收敛系统是近年来开发的新型收敛观测系统,它安装于隧洞围岩表面,其优点是不影响施工、可连续进行观测,但造价较高。钢尺收敛计应用最为广泛,它便于携带、观测方便,但对于超大尺度的地下洞室(如地下厂房等)或洞室较高的拱顶,收敛观测还存在一定的局限性,主要是收敛计的钢尺不宜过长,否则会产生较大的观测误差,致使观测的数据无法使用。

　　采用钢尺收敛计观测的注意事项:

　　(1)每个基线应连续测 3 次,取平均值作为该次测试读数;

　　(2)用多台收敛计互换使用时,应先做比较修正后方可正式使用;

　　(3)洞内外温差较大时,到达测试现场后应将收敛计保护箱打开,放置 15 min以上再进行观测,以消除温度影响。

2.2.3　收敛观测分析方法

　　采用全站仪进行观测的收敛值,就是隧洞围岩的绝对变形量,可直接用于分析,无须再进行转换。这里只介绍钢尺收敛计观测值的分析计算方法。

　　目前对于收敛观测值一般采用两种方法进行分析计算,一种是坐标系分析法,即以开挖的隧洞垂直中心线为纵坐标,以水平基线为横坐标,计算各观测点的位移量来分析隧洞收敛变形；另一种是基线分析法，以观测基线长度变化来分析隧洞收敛变形。

采用坐标系分析法，因采用收敛计进行观测时，无确定的相对不动点，故分析计算时只能做一些假定。首先是假定位于隧洞顶部中心线上的测点只有垂直位移，而水平基线上的两个测点只有水平位移，如图 2-2 所示，A 点只有垂直位移，B、C 点只有水平位移，而 O 点为相对不动点。

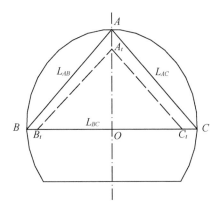

图 2-2　坐标系分析法示意图

各测点在初始时刻和任一观测时刻 t 的坐标值计算公式如下。

初始时刻各测点坐标值：

$$
\begin{cases}
A_x^0 = 0, A_y^0 = L_{AB}^0 \sin\arccos\left(\dfrac{{L_{AB}^0}^2 + {L_{BC}^0}^2 - {L_{AC}^0}^2}{2L_{AB}^0 L_{BC}^0}\right) \\[3mm]
B_x^0 = -L_{AB}^0 \cos\arccos\left(\dfrac{{L_{AB}^0}^2 + {L_{BC}^0}^2 - {L_{AC}^0}^2}{2L_{AB}^0 L_{BC}^0}\right), B_y^t = 0 \\[3mm]
C_x^0 = L_{AC}^0 \cos\arccos\left(\dfrac{{L_{AC}^0}^2 + {L_{BC}^0}^2 - {L_{AB}^0}^2}{2L_{AC}^0 L_{BC}^0}\right), C_y^t = 0
\end{cases}
\tag{2-1}
$$

t 时刻各测点坐标值：

$$
\begin{cases}
A_x^t = 0, A_y^t = L_{AB}^t \sin\arccos\left(\dfrac{{L_{AB}^t}^2 + {L_{BC}^t}^2 - {L_{AC}^t}^2}{2L_{AB}^t L_{BC}^t}\right) \\[3mm]
B_x^t = -L_{AB}^t \cos\arccos\left(\dfrac{{L_{AB}^t}^2 + {L_{BC}^t}^2 - {L_{AC}^t}^2}{2L_{AB}^t L_{BC}^t}\right), B_y^t = 0 \\[3mm]
C_x^t = L_{AC}^t \cos\arccos\left(\dfrac{{L_{AC}^t}^2 + {L_{BC}^t}^2 - {L_{AB}^t}^2}{2L_{AC}^t L_{BC}^t}\right), C_y^t = 0
\end{cases}
\tag{2-2}
$$

若规定各测点向洞内收敛变形为正，向外为负，则任一时刻各测点的收敛变形

值为:

$$\begin{cases} A_y = A_y^0 - A_y^t \\ B_x = B_x^t - B_x^0 \\ C_x = C_x^0 - C_x^t \end{cases} \quad (2\text{-}3)$$

该分析方法适用于三点三线式和五点六线式,而对于图 2-1(c)所示的五点七线式则不适用,这种情况可采用基线分析法进行收敛变形计算。

基线分析法是直接计算各条基线的相对变形值,用以分析隧洞围岩的变形情况,该方法简单、直观,便于操作。

某输水隧洞工程采用新奥法施工,以充分维护和利用围岩的承载能力为基本出发点,尽量采用以喷锚为主的柔性支护体系,使围岩与支护形成共同承载的结构体系,通过监控测量来指导施工。收敛观测是新奥法施工的重要内容之一,是检验围岩稳定性和支护合理性的重要手段。收敛观测包括拱顶下沉、洞室收缩变形,这些都是洞室开挖后围岩和支护各项动态变化的综合性因素最为直观的反映,是监控观测的主要内容。为保障施工安全和确定衬砌混凝土施工的时机,该供水隧洞工程选择隧洞穿越断层和岩性较差的过浅埋深断面进行收敛观测,如图 2-3 所示。

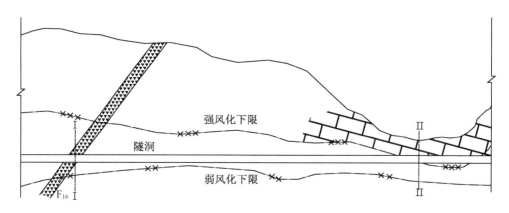

图 2-3 收敛观测断面选择

根据隧洞开挖尺寸,收敛观测采用五点六线法,如图 2-4 所示。隧洞开挖掌子面超过监测断面 1 m 时开始观测,观测仪器采用钢尺收敛计,观测频次为:初期每天观测一次,连续观测 7 d,第 7~15 d 每 2 d 观测一次,第 15~30 d 每 3 d 观测一次,第 30 d 后每周观测一次。观测数据过程线见图 2-5、图 2-6。

从图中可以看出,两个监测断面的 6 个方向累积变形量过程和收敛速率过程具有类似的规律。隧洞开挖后各方向的收敛变形均迅速增大,最大收敛速率均出

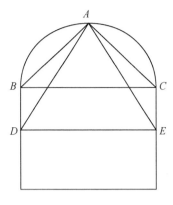

现在开挖后第 7 d；隧洞开挖后第 3 d 开始喷锚支护，开挖第 7 d 后收敛速率明显减小；开挖 30 d 后，所有测线的收敛速率均小于 0.1 mm/d，说明隧洞围岩收敛变形已基本稳定；在开挖 60 d 后，B-C、D-E 方向收敛变形有向外发展趋势，这是由于隧洞经过喷锚支护后形成了自承拱效应，在上部岩土体的自重作用下，隧洞侧向有向外扩张的趋势，由于Ⅱ-Ⅱ断面隧洞埋深较浅，Ⅱ-Ⅱ断面侧向扩张变形量要小于Ⅰ-Ⅰ断面。由上述分析，可判断出从隧洞开挖至 30 d 时，隧洞围岩的收敛变形速率已逐渐减小到 0.1 mm/d，可以进行混凝土衬砌施工。

图 2-4　观测点布置示意图

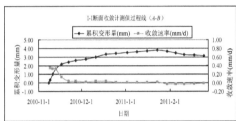
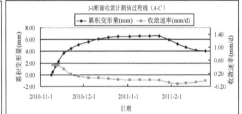
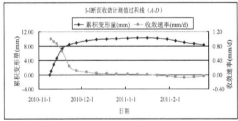
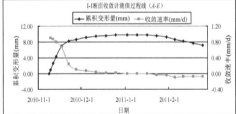
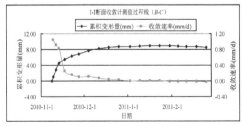
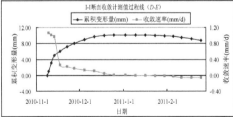

图 2-5　Ⅰ-Ⅰ断面收敛观测数据过程线

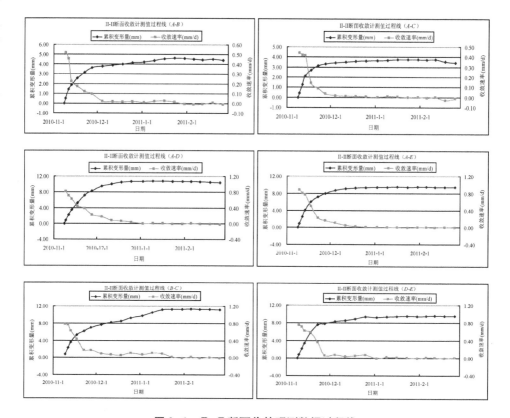

图 2-6　Ⅱ-Ⅱ断面收敛观测数据过程线

　　为保证隧洞衬砌质量,一般要求二次混凝土衬砌在洞室基本稳定后施工,这就必须通过观测数据和变形曲线图分析确定洞室稳定状态。众所周知,施工前的预设计是通过地质调查而获得的,而有限的钻孔资料和地貌特征是不能完全而准确地反映地质状况的,同时,由于地质情况的千变万化使得同一地段的物理力学性质、水文地质状况以及软弱面的分布、走向和填充等均有所不同,因此,根据开挖揭示的实际工程地质状况对观测数据作正确的分析,之后反馈到施工设计中,进而及时调整施工方案,修正设计参数,这对于提高设计的合理性和确保工程安全都有重要的意义。

　　收敛观测反映了地下洞室结构(包括围岩和支护)的整体稳定性,由于受地质结构面的影响,观测结果往往具有较大的局限性,良好的支护体系应当尽可能消除不利结构面的影响,保证地下洞室结构的整体性,使观测数据更好地反映围岩和支护的共同作用效果,才能更好地指导施工。喷锚支护不仅可以使围岩与支护成为一体,有助于发挥围岩的自身承载能力,而且可对结构面起局部的加固作用,防止结构面局部失稳,并使观测数据尽可能反映其整体性。

可见,隧洞围岩变形的动态监测方法需要通过自身方案的不断改进,为设计、施工与支护方案的相应改进提供依据,而且可用于优化隧洞二次衬砌时间。

2.3 围岩松动圈测试

松动区指地下洞室开挖过程中,由于开挖爆破和应力重分布等因素的影响,在洞周形成的具有一定深度的岩石性质及强度发生改变的区域。研究表明[5,43-47],松动区是控制地下洞室围岩变形及失稳的重要因素,位移反演分析在考虑松动区因素后才能获得与观测值基本一致的成果。因此,在地下洞室围岩稳定性评价及支护设计中必须考虑松动圈的影响。

松动区深度的现场测试方法大致可归为三类:一是采用物探测试方法,如声波法、地质雷达法、地震波法等进行测定;二是对多点位移计、滑动测微计等位移监测成果进行分析确定;三是采用钻孔摄像技术,对所得到的图像进行识别来确定松动区深度。声波测试是最为常用和有效的方法,但由于一些地下工程规模较大,施工周期长,受开挖施工及声波测试孔塌孔等因素影响,声波测试次数相对较少,单独分析声波测试成果往往难以满足对松动区变化规律进行连续分析的要求,需要与其他监测测试成果结合使用。

2.3.1 声波测试

声波测试是用人工的方法在岩土介质和结构中激发一定频率的弹性波,通过分析研究弹性波以各种波形在材料和结构内部传播的波动信息,来确定岩土介质和结构的力学特性,了解其内部缺陷。

声波的波速随介质裂隙发育、密度降低、声阻抗增大而降低,随应力增大、密度增大而增加。由于纵波具有传播速度快、能量高、容易发射和接收等特性,一般仅用纵波于围岩松动区的探测。声波在岩体中传播时,在速度和振幅上都有所响应,振幅的衰减取决于岩体对声波的吸收作用,因此可以通过声波的衰减速度来分析岩体的松动状态。传播速度越大表明岩体完整性越好,传播速度越小表明岩体完整性越差、岩体中存在裂隙。故可以通过测试隧洞围岩一定深度范围内的岩体弹性波波速,并根据其分布变化情况,推定隧洞围岩松动区范围。

声波测试的工作方式主要有单孔声波量测法和双孔声波量测法。单孔声波量测法是将发声探头(T)和接收探头(R)置于同一个测孔中,通过量测在不同深度声波经围岩自发声探头到接收探头的传播速度,评判岩石的破坏程度,如图 2-7 所示。双孔声波量测法是将发声探头（T）和接收探头（R）置于不同的测孔中,发声探头在一个测孔中的某一深度发射超声波,接收探头在另一测孔中的相同深度接收超声波,从而确定声波在围岩中的传播速度。发声探头和接收探头同步移动,得到围岩不同深度的超声波速,通过分析,确定松动圈厚度,如图 2-8 所示。

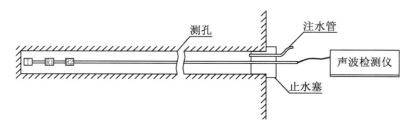

图 2-7　单孔声波检测示意图

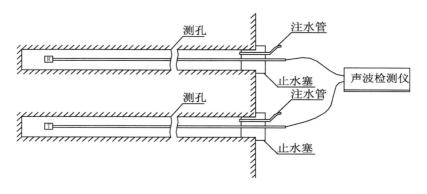

图 2-8　双孔声波检测示意图

单孔声波量测法钻孔工作量小,且容易操作。双孔声波量测法灵敏度高,波形单纯、清晰、干扰较小,横波和纵波波形易于辨认,在岩土工程中使用较为广泛。声波测试中,探头和岩石之间需要水耦合,所以在测试时,测孔中应该充满水,如果测孔中的裂隙较发育,孔中水流失严重,则需要接水管不断注水,而注水水压不稳定会对测试结果产生一定影响。另外,在围岩较软弱或破碎的情况下进行测试时,易产生塌孔而造成成孔困难,为了避免测试中塌孔和注水水压不稳定问题,声波法检测宜在围岩完整性较好、裂隙较少发育或开挖时间较短的隧洞中应用。

声波测试成果虽可以准确确定围岩的松弛深度,但由于受开挖施工及声波测试孔塌孔等因素影响,声波测试次数相对较少,测试成果难以满足对松动区变化规律进行连续分析的要求。

由于各隧洞工程围岩岩性的不同,其固有的声波波速是不同的,应用时应根据实际情况具体分析,一般是通过分析声波波速发生明显变化的范围来判断围岩松动区。

以某输水隧洞工程为例,应用声波测试成果对施工期隧洞围岩松动区的变化规律进行分析。观测设施布置见图 2-9。

围岩松动范围监测采用工程声波检测仪进行测试,测试前在检测位置采用地质钻钻孔,孔径为 90 mm,监测方式为跨孔监测,注水耦合。围岩松动区声波检测成果如图 2-10 和图 2-11 所示。

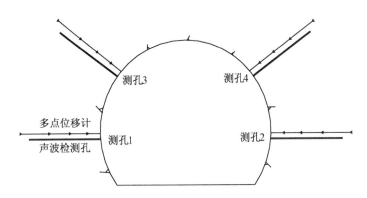

图 2-9 声波检测和监测仪器布置图

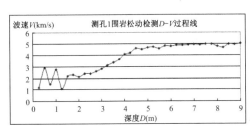
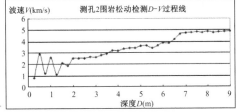

图 2-10 测孔 1、2 声波检测成果

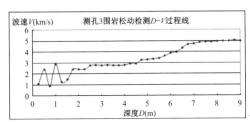
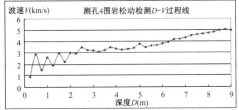

图 2-11 测孔 3、4 声波检测成果

从围岩松动区的 4 个测孔所得到的波速(V)-深度(D)测值过程线看,4 个测孔测试结果基本相似,在孔深 0～3 m 范围内声波波速均在 3 000 m/s 以下,且测值波动明显、极不稳定,表明在这一区域内,岩性较为破碎,可以判断为围岩松动区;在孔深 3～7 m 范围内声波波速值在 3 000～4 500 m/s 之间,且越向深处,声波波速越大,说明在这一区域内,其岩性为松弛区,孔深超过 7 m 后,声波波速在 5 000 m/s 左右,说明其岩性较为密实,岩性完整。

2.3.2 地震波法

地震波法主要是根据探测隧洞围岩纵波波速的差异来判断其松动范围[48]。地震波在不同性质的岩石或同一岩层中传播时,由于岩石强度、孔隙率、密度的差异,具有不同的传播速度。其波速测试原理是直接利用总波的到时拟合直线,进行岩层速度对比与判断。计算时根据全孔的波形数据,各断层地震波波速值可由下式求出:

$$V = \mathrm{d}h/\mathrm{d}t \tag{2-4}$$

式中:$\mathrm{d}h$ 为深度差,即测试时传感器移动的步距;$\mathrm{d}t$ 为时间差。

由不同直线斜率得各区的速度 V,绘出 t-V 及 h-t 曲线图,利用各介质波速差异及分布特征,结合岩性变化,从断面各孔波速分布上进行围岩松动圈界定。实际应用中,通常采用波速检测法,选取有代表性的地质断面,在断面不同位置上打孔,孔深以穿透松动厚度 0.5 m 为宜,孔中使用贴壁式速度或加速度检波器,如图2-12 所示。

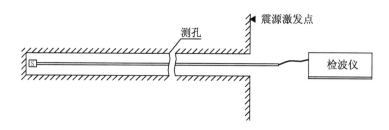

图 2-12 地震波层析成像法检测示意图

用小锤或震源枪在孔边激发高频地震波,检波器可采集得到孔中地震波波形数据。分析时将每孔单道波形记录数据按由浅到深的顺序解编,对纵波到达时间进行判读,进而确定不同深度层的波速值,进行松动圈分析。检测到的地震波波速和频率越低,表明岩体松动越严重、裂隙越发育。地震波层析成像法测试精度较高,测试结果较可靠,能够得到地震波测试图像,较声波法能更加直观地进行松动圈分析,而且探头与岩壁之间无须水的耦合。但是该方法具有与声波法相似的缺点,如在软弱、破碎岩体中成孔困难等。

2.3.3　地质雷达法

近年来,地质雷达测试作为非破损物探新技术,以其精度、效率和分辨率高,不需要钻孔、快速经济、灵活方便、剖面直观等优点,在土木工程领域得到愈来愈广泛的应用。地质雷达技术与反射地震及声呐技术原理相似,是一种新型非破损探测技术,即用仪器从外表面发射高频电磁脉冲波,利用其在介质内部界面上的反射波来探测裂缝的位置[49]。

雷达产生的高频短脉冲电磁波和能量向介质内发射,其信号的传播取决于介质的高频电性。一般,在岩石介质中,节理、裂隙、断裂等会引起电性变化。当雷达发射探头向介质发射电磁波时,介质电性的变化引起部分信号发生反射,产生雷达反射波。反射波由探头接收、放大、数字化并存贮在计算机中。对采集的数据进行编辑处理,可得到不同形式(如波形、灰度、彩色等)的地质雷达剖面。对地质雷达剖面进行解释,即可得到所测结果。

雷达波属高频电磁波的范畴,其原理基于电磁波反射理论,在界面上的反射和透射遵循光学定理。其工作过程和原理如图 2-13 所示,即发射天线 T 发射电磁波,当遇到介质分界面时产生反射波,反射波被放置在介质表面的接收天线 R 接收,得到波的传播时间 t。

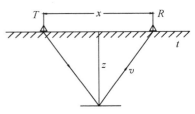

图 2-13　电磁波测试原理

反射界面深度可用式(2-5)求得[50]:

$$z = \frac{\sqrt{t^2 v^2 - x^2}}{2} \qquad (2-5)$$

式中:z 为反射界面深度;t 为电磁波从探头到反射界面的传播时间;v 为电磁波传播速度;x 为发射与接收探头间的距离。

电磁波在介质中传播的速度可用式(2-6)计算:

$$v = \frac{c}{\sqrt{\epsilon_r}} \qquad (2-6)$$

式中:c 为电磁波在真空中传播的速度;ϵ_r 为介质的相对介电常数,常见材料的相对介电常数见表 2-2。

表 2-2　常见材料的相对介电常数

材料	花岗岩	石灰岩	大理岩	玄武岩	沥青	混凝土	水	空气	煤	砂岩
ε_r	4～9	7	6	4	3～5	6.4	81	1	4.5	4

由于发射天线与接收天线的距离很近,电场方向通常垂直于入射平面,因而反射系数 γ 可简写成式(2-7):

$$\gamma = \frac{\sqrt{\varepsilon_{r1}} - \sqrt{\varepsilon_{r2}}}{\sqrt{\varepsilon_{r1}} + \sqrt{\varepsilon_{r2}}} \tag{2-7}$$

式中:ε_{r1}、ε_{r2} 分别为上、下层介质的相对介电常数。

根据记录的反射时间,考虑到发射与接收探头相距很近,取 $x=0$,由式(2-5)、式(2-6)得界面深度的计算式(2-8):

$$z = \frac{tv}{2} = \frac{tc}{\sqrt{\varepsilon_r}} \tag{2-8}$$

地下工程围岩松动圈内有许多裂缝界面穿插其中,界面处物性差异显然很大,从表 2-2 和式(2-7)可知,材料的相对介电常数差别很大,从而会使电磁波产生反射回波信号。

由于隧洞开挖围岩松动圈的最大厚度一般不得超过 3 m,而且对精度有较高的要求,因此选用 200～500 MHz 的天线就可同时满足松动圈探测精度和深度的要求。利用地质雷达具有不用钻孔的特点,选择具有代表性的工程断面布置探测线,即断面的周边线或轴向线。测试时雷达探头沿着断面轮廓或轴向线等距离移动,将沿每条放射测线的雷达图像记录下来。如图 2-13 中显示出裂缝的反射界面,横坐标为断面周边线,纵坐标为周边往围岩内部的深度线。将横坐标上每条测线松动圈的深度或外边界点绘制在对应的断面图上,再把这些点连接起来,即可得到松动圈的外边界线,即测试得到的松动圈。

2.3.4　多点位移计法

多点位移计可用于测量隧洞围岩不同深度的位移变化值,通过多点位移计的位移变化量随时间变化的曲线,可分析出围岩中不同深度岩石向隧洞内收敛的情况,位移量随时间变化大说明该点位置以内的岩体有破裂,因此由不同深度的位移与时间的变化大小,可得到松动区与微扰动区(弹塑性区和弹性区)的分界点,如图 2-14 所示。

输水隧洞开挖后,为了检测初期变形情况,应立即在输水隧洞垂直于洞壁方向安装一组多点位移计。经过一段时间的观测,根据各测点之间位移的变化量,分析判断松动圈位置。如图 2-14 中,如果 3 号测点相对于 2 号测点的位移变化远大于 4 号,那么可以认为 2 号测点和 3 号测点之间发生了较大的裂隙破坏,则松动圈与塑性区的分界点就在 2 号和 3 号测点之间。多点位移计法检测松动圈相对于其他方法较为直观可靠,可得到围岩松动圈随时间变化的情况。但多点位移计法的工作量大,需较长时间的连续观测和大量的数据分析,而且多点位移计的测点较少,围岩松动圈是根据各测点之间的相对变化量进行判断的,只能确定大概范围,精度不高。如果能将多点位移计监测成果与其他检测方法相结合,进行综合分析,发挥各自的优点,将有助于对围岩松弛区的变化情况进行连续的分析。

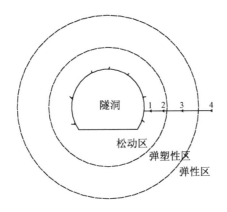

图 2-14　多点位移计松动区检测示意图

如前述输水隧洞工程,在 4 个声波测孔附近分别布设一组多点位移计,共 4 组,每组 4 个测点,测点埋深分别为 1.5 m、3 m、6 m、12 m。测值过程线如图 2-15 和图 2-16 所示。

从 4 个测孔的多点位移计观测过程线中可以看出,位于隧洞上部(测孔 3、4)的多点位移计测值比下部(测孔 1、2)的多点位移计测值大,埋深在 6 m 和 12 m 的两支位移计所测位移值比埋深在 1.5 m 和 3 m 的测值要大得多,说明在 0～3 m 范围内的围岩向外位移较大,爆破产生的松动圈深度在 3～6 m 范围内。

将根据声波测试成果确定的围岩强松弛范围与多点位移计变形情况进行对比,可见多点位移计监测得到的围岩主要变形深度与声波测试的围岩松弛深度具有一致性。在确定围岩松动区深度方面,多点位移计监测可以为声波测试提供补充和验证,同时可以掌握其变化过程和规律。通过对声波测试及多点位移计监测成果进行综合分析和推测,可以得到隧洞围岩松动区随开挖的变化情况,为喷锚支护和下一步施工提供科学依据。

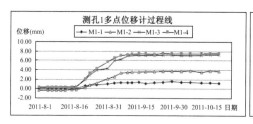

图 2-15　测孔 1、2 多点位移计观测过程线

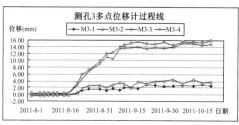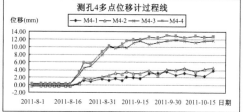

图 2-16　测孔 3、4 多点位移计观测过程线

2.4　爆破振动检测

输水隧洞在爆破开挖过程中,爆破作业引起大地震动,影响周围建筑物及各类设施的安全,其影响是爆破设计所必须考虑的。对于浅埋输水隧洞地面有建筑物,尤其是在地下工程上部拱顶混凝土衬砌结构已浇筑完成,下部继续爆破开挖时,研究近距离爆破对建筑物及混凝土结构的影响尤为重要。因输水隧洞或地下工程通过的地质条件和结构形式均不尽相同,故爆破振动试验和检测是爆破设计中必不可少的手段。

爆破振动检测和分析的主要目的有:

(1)通过爆破试验进行振动检测,了解爆破振动特性,掌握爆破振动衰减规律,预报振动强度和影响,以此来制定爆破方案。

(2)在实施爆破作业过程中,对附近建筑物进行爆破振动监测,控制振动强度,以确保建筑物安全。

2.4.1　爆破振动方法

爆破振动检测主要是测试被测物的质点振动速度、最大位移和主振频率。爆破振动检测前应制定详细的测试方案,主要包括:工程概况、测试目的和内容、测点布置、测试方法和安全控制指标等。

1. 测点布置

测点布置对爆破振动检测极其重要。振动测点的设置要具有针对性,应根据检测目的、地形、地质条件和周围建筑物分布情况进行布置。

(1)首先根据检测目的、地形与地质条件和周围相关建筑物的分布情况,以爆破中心为测试中心,径向向外排列,在爆破振动影响范围内布置爆破测试线和测点。

(2)根据爆破点的布置,确定距离爆破源最近的振动测点位置,其他测点按近密远疏的原则布设。

(3)测线上有重要建筑物时,应补充加密测点。

(4)如果是地表建筑物,测点应设置在靠近爆破源一侧的基础表面;如果是隧洞内部检测,测点应设置在靠近爆破源一侧的洞壁或拱腰处。

(5)因爆破测试一般不具备重复性,故进行爆破测试时,要求测点应不少于5个,且应按对等数排列,最远点与最近点的距离一般在测点间距的 10~20 倍以上。

(6)测点应尽可能布置在同一地层中,每个测点能同时检测两个互相垂直方向的振速和频率;为了观测爆破振动对某些特殊地质构造或建筑物的影响,应在这些特殊地质构造和建筑物周围布置测点。

(7)测点的布置应考虑测点位置的安全性,应对测试仪器加以必要的保护;对于重要测点,可布设多个传感器进行比测。

2. 振动测试仪器

爆破振动测试设备主要由拾振器、信号电缆和记录仪组成。拾振器是传感器的一种,它是将振动信号变为机械的或(最常用的)电学的信号,且所得信号的强度与所检测的振动量成比例的换能装置。按检测量的不同,拾振器可以分为加速度计、速度拾振器和位移拾振器等几种。按能量转化的原理来分,又有质量弹簧式、压电式、电动式、电磁式、电容式等许多种类。按测量振动分量可分为单向、双向和三向传感器。

在爆破振动测量中,目前最广泛应用的是加速计和速度拾振器。加速计与适当的电路网络配合,即可给出相应振动的速度和位移值。根据经验,爆破振动检测一般应选用频率响应范围为 2~300 Hz 的三分向振动传感器。

3. 传感器的安装

为了能真实、可靠地检测到被测物爆破振动数据,传感器必须与被测物牢固地结合在一起,确保传感器与被测体同步振动,避免传感器与被测体在测量过程中存在相对位移,而使得振动信号失真。

（1）安装前准备

首先应根据爆破振动测试设计及测试现场情况,对测点及传感器进行统一编号,并注意各检测分量的定位方向,确定信号电缆的长度和布设方式。

（2）在岩石体或混凝土表面安装

在岩石体上安装时,应确认岩石为坚固、完整的基岩,不是松散的孤石或破碎岩石,并对岩石表面进行平整、清理、清洗。传感器水平安装时,可用石膏或其他强度适配的黏合剂直接黏合,如图 2-17 所示;垂直安装时,首先在岩壁或洞壁上钻固定孔,孔深大于 10 cm,孔径大于 30 mm,然后用水泥砂浆将直径不小于 18 mm 的固定螺栓嵌入岩体或混凝土体内,再将传感器固定在螺栓上,如图 2-18 所示。

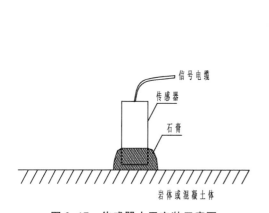

图 2-17　传感器水平安装示意图

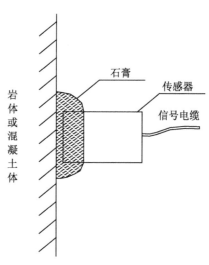

图 2-18　岩壁或洞壁传感器安装示意图

（3）在土体表面安装

在土体表面安装时,可先将土体压实,清理掉表面浮土,用石膏直接黏合传感器,或将土体压实后直接埋于土体中,如图 2-19 所示。

（4）注意事项

① 在传感器安装过程中,应严格控制每个传感器的安装角度,误差不得大于 5°。

② 应注意保护爆破源附近的传感器,防止飞石对传感器的损坏。

2.4.2　爆破振动分析方法

爆破振动是否影响建筑物安全,与爆破振动强度及振动频率密切相关。反映

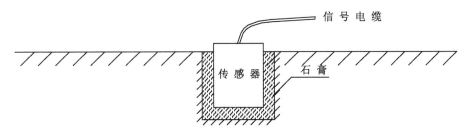

图 2-19　土体中振动传感器安装示意图

爆破振动强度的物理量分别有质点位移(S,mm)、质点振动速度(V,cm/s)和质点振动加速度(a,cm/s^2)。爆破的质点振动速度(V)相对能够较好地反映建筑物的爆破振动特点,其传播也较有规律,特别是通过国内外工程界多年以来的大量工程实践和总结,所形成的一系列可供参考的建筑物的爆破振动速度安全控制标准,以及一整套成熟且便于操作和分析的现场观测方法,为利用质点振动速度进行爆破振动监测和控制提供了依据[50,51]。故而往往都选取质点振动速度作为爆破振动监测的物理参量,通过现场观测,对建筑物进行安全评定,对施工进行反馈。

在实际工程中,通常根据爆破试验或生产爆破过程中所测得的实际数据,以萨道夫斯基公式为基本形式,采用最小二乘法进行拟合求得相应的爆破振动的衰减规律,爆破振动速度可表示为:

$$V = K(Q^{1/3}/R)^\alpha \tag{2-9}$$

式中:V 为爆破振动速度,cm/s;Q 为单响最大药量,kg;R 为爆心距,m;K、α 均为回归系数。

某地下工程采用分部法开挖,多次成型。先挖上半断面,上部开挖完成后,即进行了岩锚梁和顶拱混凝土浇筑,浇筑 28 d 后,进行下部开挖,为保障工程施工和上部混凝土结构的安全,在下部开挖工程施工初期对爆破振动影响进行了监测,以评价下部爆破开挖对上部混凝土结构的影响,并指导后续开挖施工。

爆破钻孔采用风钻,人工装药,周边采用光面爆破,每排 8 个孔,孔深 3.5 m,单孔药量 2.4 kg,单响最大药量 20.0 kg。各监测点距爆破点距离见表 2-3,监测数据时程曲线如图 2-20 至图 2-22 所示。

监测过程中,爆破振动产生噪声较大,但现场监测人员感觉基本能够忍受。振动监测点及观测部位在进行爆破前后无明显变化,未发现有明显裂缝产生。无爆破碎石飞溅及其他杂物覆盖,爆破过程未对加速度计传感器及相应电缆造成损坏。

表 2-3　各测点爆心距统计表

测点编号	M_1-1	M_1-2	M_1-3	M_1-4	M_1-5	M_1-6
爆心距(m)	26.50	26.50	30.50	34.00	42.30	50.90
测点编号	M_2-1	M_2-2	M_2-3	M_2-4	M_2-5	M_2-6
爆心距(m)	6.50	6.50	10.30	13.60	22.10	30.60
测点编号	M_3-1	M_3-2	M_3-3	M_3-4	M_3-5	M_3-6
爆心距(m)	6.50	6.50	10.30	13.60	22.10	30.60

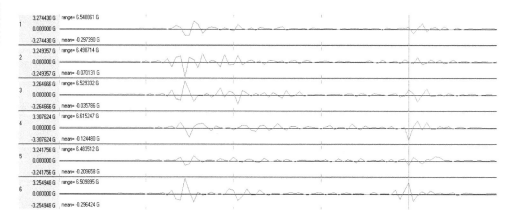

图 2-20　振动监测加速度时程线

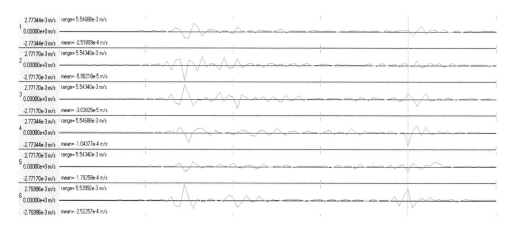

图 2-21　振动监测速度时程线

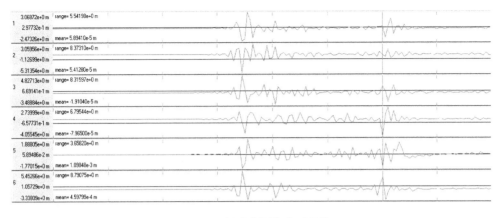

图 2-22 振动监测位移时程线

从现场爆破监测数据看,垂直于岩壁方向的质点振动速度均大于平行于岩壁方向的质点,这与平行岩壁方向的质点受到的岩体间相互约束作用较垂直于岩壁方向的质点更大有关,故依据垂直于岩壁方向的爆破振动数据来进行分析,以控制爆破施工。

以萨道夫斯基经验公式作为爆破振动速度衰减规律基本形式进行一元回归分析,分析结果见图 2-23,得到拟合公式:

$$V = 26.86(Q^{1/3}/R)^{1.0815} \tag{2-10}$$

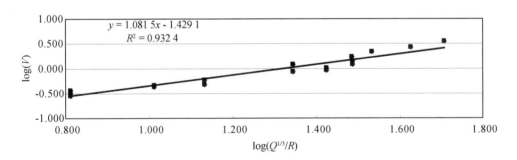

图 2-23 垂直隧洞岩壁方向一元回归分析的趋势线

该地下厂房下层开挖时,上部岩锚梁距爆心只有 6.5 m,设计给出的爆破振动控制指标为质点振动速度小于 10 cm/s,由公式(2-10)得到的最大单响药量为 17.71 kg。根据这一分析成果,施工单位及时调整了爆破作业药量,以确保上部混凝土结构安全不受下层爆破开挖影响。

2.5　本章小结

　　本章针对输水隧洞施工期安全检测技术进行了系统的研究,详细阐述了施工期三个主要检测项目及其分析方法,具体结论归纳如下:

　　(1)隧洞开挖过程中的围岩变形观测一般采用收敛观测,通过分析围岩收敛变形速率判断其稳定性,以保证隧洞衬砌结构的安全。

　　(2)围岩松动圈检查是施工期的重点检测项目,通过对松动圈的检测可以准确测定出由于隧洞开挖施工对围岩的损伤程度,以便确定衬砌参数。结果表明:声波测试法中,采用单孔法时工作量小,且容易操作;双孔法灵敏度高,波型单纯、清晰,测试结果可靠。地震波法测试精度高,结果可靠,但该方法与声波法相似的缺点是在软弱破碎的岩体中测试困难。地质雷达法的主要优点是不需钻孔,测试方便,精度也高。多点位移计法能够有效测出松动圈、松弛圈(弹塑性区)的分界点,但需要较长的观测时间才能确定,且测试精度不高,只能够测出大概的范围。

　　(3)爆破荷载在施工阶段是不可控制的,爆破产生的振动对周边建筑物和各类设施的影响是在设计时须考虑的,通过监测质点振动速度能够较好地反映建筑物的爆破振动特点,以此对建筑物安全进行评定,对施工进行反馈。

3 复杂引调水工程隧洞运行期安全监测技术

3.1 监测项目与监测断面

3.1.1 监测项目

输水隧洞安全监测项目分为洞内监测和洞外监测。洞内监测项目主要包括变形、应力、接(裂)缝和压力等;洞外监测项目主要包括地面位移和分层沉降等。

内部变形监测包括隧洞围岩变形、衬砌结构变形及沉降。变形是隧洞围岩和衬砌结构发生变化的最终表现,通过变形监测,可以直观地了解其在地应力、外水压力及温度等环境量作用下的变化规律,以及评估隧洞的安全运行性态。输水隧洞位于土质基础段,尤其是湿陷性黄土段时,常常因基础沉降导致结构破坏,应对隧洞基础的沉降进行监测。

渗透压力监测包括作用在衬砌结构上的围岩压力和外水压力。围岩压力和外水压力是输水隧洞承受的主要荷载,是分析其变形、应力变化规律的重要因子。

应力监测包括隧洞围岩应力、衬砌结构钢筋应力及衬砌混凝土应力。应力变化是表征隧洞结构安全的重要指标,也是设计人员关心的问题之一。应力监测的目的是获得隧洞围岩和衬砌结构的应力应变分布规律及应力集中状况,检验结构的强度储备,进而验证结构设计的合理性。混凝土应力一般是通过混凝土中埋设应变计量测其应变值,由应变值通过弹性理论计算出其应力。

3.1.2 监测断面

输水隧洞安全监测断面应依据工程应用需求、工程地质条件和施工条件进行选择,布置时应注意时空关系,应能监测控制到整个隧洞的全部关键部位。监测断面选择时,一般应考虑以下几个因素。

（1）存在断层或软弱破碎带的洞段

隧洞所通过地段有较大地质构造，围岩地质条件较差、岩性较为薄弱处或者对基础沉降比较敏感的地方，比如通过断层及其影响带、软弱破碎带、卸荷带、构造不整合带、蚀变带、膨胀岩的断面。

部分软弱泥岩具有吸水膨胀和显著的流变性，并伴有严重的吸水软化现象，可能对衬砌结构产生变形压力。Ⅳ、Ⅴ类围岩多由地质构造或构造运动造成，其特点是节理裂隙发育，由于构造面的切割，岩体本身的自稳能力较差。

（2）浅埋洞段

稳定性差的浅埋隧洞，因围岩不能形成稳定的自承拱，开挖时地面下沉时有发生，且很难预防。由于内外水压力的差异，长期运行后内水外渗将使围岩的地下渗流场发生变化，造成渗透失稳和环境破坏。

隧洞地层监测是隧道开挖后围岩和支护各项动态变化的综合因素最为直观的反映，也是评价衬砌是否安全稳定的重要手段，因此对浅埋隧洞应进行跟踪地面位移观测和分层沉降监测，随时分析施工和运行中的稳定性，以保证施工和运行安全。

（3）土洞洞段

土洞围岩的工程地质性质差，岩性弱、强度低、自稳能力低，是隧洞工程上的薄弱环节。在工程运行过程中，一旦土洞段发生渗漏使其饱和，在水的物理与化学作用下，破坏了土的结构形式，引起土体变形，若随着时间的进展，渗漏通道不断发展，将有可能造成部分土地基的潜蚀和管涌，从而导致隧洞不均匀沉降、错位等破坏，影响工程安全。

（4）高地应力和高外水压力洞段

高地应力区出现岩爆的洞段。由于高地应力围岩变形是一个非常缓慢的过程，即使在施工期所测量的变形数据已趋于稳定，但地应力仍旧在缓慢不断地向衬砌结构施加，引起具有破坏性的挤压变形，易造成衬砌结构局部破坏。

位于高压力地下水或地表水强补给区出现较大涌水的洞段。这些隧洞围岩中易产生水力劈裂现象，在高水头压力作用下岩体断续裂隙（或空隙）发生扩展并相互贯通，再进一步张开，可能给工程带来严重后果，如岩体中深埋隧洞的涌水问题是隧道施工中常见的主要地质灾害，深埋隧洞围岩等也可能发生水力劈裂而引发工程事故。

某输水隧洞线路所经过地域地质条件极其复杂，经地质勘查，线路中不仅存在多条断层和地层岩性薄弱地段，还存在多处浅埋段，且地层中富含地下水。典型的安全监测断面选择见图3-1，其中1-1断面为输水隧洞通过浅埋段，隧洞上部为天然冲沟,岩性较软;2-2、3-3断面为隧洞通过断层地段,断层岩性较为破碎。这些地质条件均对隧洞稳定极为不利,应设置监测断面进行安全监测。

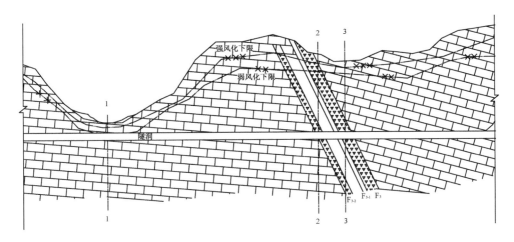

图 3-1 某输水隧洞通过浅埋层及断层处监测断面

输水隧洞的监测点应根据隧洞衬砌结构和围岩状况进行合理布置,以期能够长期监测隧洞的运行情况,发现问题及时处理,确保隧洞安全运行。

一般情况下,隧洞所穿过的围岩岩性、隧洞断面形状和衬砌结构都是不同的,所以隧洞监测的测点布置也应在类比相关工程经验基础上根据结构计算的成果进行布置。这样不仅使测点布置有工程经验的对比,还使测点布置具有理论分析的基础。

3.2 变形监测

输水隧洞变形监测应以围岩稳定性、进出口边坡稳定性等为监测重点,变形监测项目、断面选择和测点布置宜根据地质条件、结构计算、模型试验成果、类似工程监测成果等予以综合确定。围岩变形监测设计还应根据洞室布置和施工情况,结合隧洞周围的排水洞、勘探平洞、模型试验洞、通风洞、交通洞、施工支洞等预埋监测仪器,开展超前变形监测。

输水隧洞变形监测项目包括隧洞围岩变形、地表沉降、接缝及裂缝开合度、进出口边坡变形等。

3.2.1　地面位移和分层沉降监测

1. 变形监测点布置

稳定性差的浅埋隧洞应进行地面位移观测和分层沉降监测,两者可配合进行。测点应分别布置在谷底或陡坡处,用于监测由于不均匀沉降引起的塌陷、滑坡等灾害。

地面位移观测点设置时,应在隧洞工程影响区域以外的附近稳定岩体上设置工作基点,一般应设置两个工作基点,以方便测量和校核。

浅埋输水隧洞围岩分层沉降监测线应与地面观测点结合设置,地面观测点可作为分层沉降测线的基点使用,便于分析隧洞及围岩的绝对沉降情况。测线上布置3~4个测点,最深的监测点应位于隧洞顶拱部位,以监测隧洞的整体沉降。如图3-2所示。

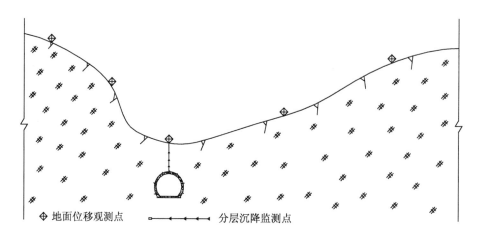

图3-2　地面位移观测和分层沉降监测点布置示意图

2. 地面位移观测设施和观测方法

1) 观测设施

(1) 观测点和基点的结构必须坚固可靠,且不易变形;并力求美观大方、协调实用。

(2) 测点可采用柱式或墩式,其立柱应高出地面0.6~1.0 m,立柱顶部应设有强制对中底盘,其对中误差均应小于0.2 mm。

(3) 工作基点和校核基点一般采用整体钢筋混凝土结构,立柱高度应大于1.2 m,立柱顶部强制对中底盘的对中误差应小于0.1 mm。

(4) 土基上的测点或基点可采用墩式混凝土结构。在岩基上的基点,可凿坑就地浇筑混凝土。在坚硬基岩埋深大于5～20 cm情况下，可采用深埋双金属管柱作为基点。

（5）水平位移观测的觇标，可采用觇标杆、觇牌或电光灯标。

2）观测设施的安装

（1）观测点和土基上基点的底座埋入土层的深度不小于0.5 m，冰冻区应深入冰冻线以下。观测设施应采取可靠措施防止雨水冲刷、护坡块石挤压和人为碰撞。

（2）埋设时，应保持立柱铅直，仪器基座水平，并使各测点强制对中底盘中心位于视准线上，其偏差不得大于10 mm，底盘调整水平，倾斜度不得大于$4'$。

3）地面位移观测方法

地面水平位移一般采用边角网法进行观测，在观测区域内布置一位移观测控制网，通过测量控制网中基点与观测点之间的边长及夹角，确定观测点的坐标，从而计算出观测点的位移。众所周知，传统的测角网有利于控制点位的横向误差，而测边网则有利于控制点位的纵向误差。为了充分发挥测角网和测边网各自的特点，就产生了同时测角和测边的控制网，即边角网。地面垂直位移观测一般采用高精度水准测量方式进行观测。

3. 分层沉降监测

地表以下分层沉降测点一般布置在输水隧洞洞顶的铅直线上，分层测点的数量可根据上部岩体分层情况进行选择，一般为3～5个测点。通常采用多点位移计进行观测。

1）多点位移计结构和工作原理

多点位移计适用于长期测量水工建筑物或其他混凝土建筑物基础裂隙的开合度（变形），亦可用于测量土坝、土堤、边坡、岩体等结构物的位移、沉陷、应变、滑移，并可同步测量埋设点的温度。

（1）结构

多点位移计由位移传感器、不锈钢测杆及护管、传感器保护筒、信号传输电缆等组成。见图3-3。

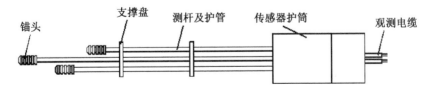

图3-3　多点位移计结构示意图

（2）工作原理

当被测结构物发生变形时将会通过多点位移计的锚头带动测杆,测杆拉动位移计产生位移变形,变形传递给传感器,变形信号经电缆传输至读数装置,即可测出被测结构物的变形量。

2）多点位移计埋设与安装[6]

多点位移计采用垂直埋设方法。如图 3-4 所示。

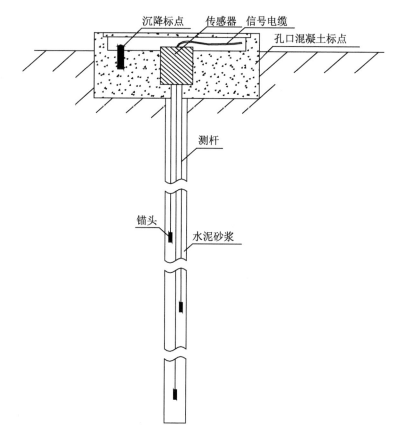

沉降标点　传感器　信号电缆　孔口混凝土标点

测杆

锚头　水泥砂浆

图 3-4　多点位移计安装示意图

（1）钻孔

根据设计要求确定埋设位置,在设计定位的地方打孔,准备埋设测量杆。多点位移计埋设孔的最小孔径约为 65 mm;深度按设计要求,一般应达到隧洞洞顶位置。

① 钻孔时,应选择性能好的钻机,钻机滑轨(或转盘)应水平,立轴应竖直。钻

杆和钻具必须严格保持平直。一般宜在钻孔处用混凝土浇筑钻机底盘,预埋紧固螺栓。严格调平钻机滑轨(或转盘),其倾斜度应小于10%,然后将钻机紧固在混凝土底座上。

② 孔口处应挖一个不小于50 cm×50 cm×50 cm的坑,并采用混凝土浇筑回填,用于分层沉降观测的基点。

③ 首先在浇筑的混凝土中心位置钻一个深度约为47 cm、直径135 mm的孔,用于安装传感器。然后进行测杆钻孔。

④ 孔口处宜埋设长度大于3 m的导向管,并安装牢固,导向管必须调整垂直(倾斜度小于0.1%)。

⑤ 钻具应尽量加长。深度大于25 m的钻孔,钻具长应大于8～10 m,钻具上部宜装设导向环。导向环外径可略小于导向管内径2～4 mm。

⑥ 钻进时,宜采用低转速、小压力、小水量。必须经常检测钻孔偏斜值,一般每钻进3～5 m即应检测一次,发现孔斜超限,应及时采取相应措施加以纠正。

⑦ 按要求完成钻孔后,应进行孔内清洗。

(2) 附件的埋设

埋设前先将锚头与测杆连接,测杆外套塑料护管,连接2 m后放入孔中,逐级接长逐级下放。下放到第二根测杆高程时,将已连接好锚头、测杆、塑料护管的第二根测杆顺序放下,在下放的同时每隔2 m将测杆相互之间捆扎一次或用分隔盘固定。其他各级测杆照此依次放下,至孔口高程以上,注意测杆与测杆之间的连接一定要牢靠不可松动。将传感器保护筒的底筒放于钻孔顶部混凝土孔内,测杆从中心孔中穿过,底筒一定要放置牢固。确认测杆放置到位后,可进行回填砂浆固结。回填砂浆时先将灌浆管插入孔底,从灌浆管内注入砂浆,砂浆要由下向上泛浆,使孔内不会产生空隙,逐级灌浆逐级拔出灌浆管。在插入灌浆管时应同时插入排气管,排气管与灌浆管相差一个灌浆高程,在灌浆的同时排出孔内的气体,使砂浆顺利上泛。逐级拔出灌浆管的同时,也应逐级拔出排气管,直至灌浆到保护筒的底部。砂浆泛过保护筒底部后,即可将灌浆管和排气管拔出,保护筒应与混凝土体牢固黏结。

(3) 位移计的安装[6]

先将一支位移计放入保护筒底筒,就位后压上分配盘,拉出位移计滑动轴至设定量程的零点,装上连接块及短节丝杆。实际测量连接块与测杆及短节丝杆的位置,划上线准备截断测杆。将位移计拿出,截断测杆,测杆的塑料护管应截在分配盘以下。将位移计按编号放入保护筒底筒,压上分配盘,装上连接块,测杆从分配盘的中孔穿出,拉出位移计滑动轴至设定量程的零点,将测杆固定在连接块上,连接块与测杆用螺母压紧。最后再检查各部位安装是否牢固,将保护筒筒盖盖上。

在拧连接块与位移计滑动轴上的螺帽时,一定要用粗钢丝穿在位移计滑动轴上的孔中,以防止用力过大将位移计的滑动轴拧坏,标定和安装时都应注意。

传感器安装好后,加装保护盖。也可在保护筒内将几支仪器的电缆汇接为一根输出,汇接时要做好防水处理。

（4）其他注意事项

多点位移计安装定位后应及时测量仪器初值,根据仪器编号和设计编号作好记录并存档,严格保护好仪器的引出电缆。

3.2.2 内部变形

输水隧洞内部变形监测包括隧洞围岩变形、衬砌结构变形和接(裂)缝等。

1. 监测断面和测点布置

1) 监测断面

（1）围岩变形应根据围岩类别、衬砌型式、隧洞体型结构等选择具有代表性的洞段或关键部位,每一代表性洞段布置1~3个监测断面。

（2）接缝及裂缝开合度监测包括隧洞衬砌结构与围岩接缝、压力钢管与混凝土衬砌接缝、混凝土衬砌间分缝及衬砌结构及围岩中出现的危害性裂缝等监测。监测断面应选择在地质条件较差或相邻洞段地质条件变化差异较大的洞段。

（3）对湿陷性黄土、膨胀土、软黏土洞段中的混凝土或钢筋混凝土衬砌,应设置永久变形监测断面,隧洞放空时还应进行断面收敛监测。

2) 测点布置

（1）应根据围岩地质条件和衬砌结构型式,结合结构计算成果确定变形监测方向和测点位置,一般应选择在洞顶、洞腰和洞底方向。当隧洞通过倾斜节理岩层时,因隧洞存在偏压现象,应沿岩层节理方向设置变形监测。隧洞围岩和衬砌结构变形一般采用多点位移计进行监测。

（2）洞段之间的接缝观测应布置在两洞段之间,分别在洞顶、洞腰和洞底中间部位布置观测仪器。接(裂)缝一般采用测缝计监测。

某输水隧洞为锚杆支护马蹄形输水隧洞,依据围岩物理力学参数、衬砌结构、地下水压力和运行工况,采用二维有限元,对其变形情况进行了计算,如图3-5所示。

可以看出,围岩水平方向位移在输水隧洞竖直边墙处较大,最大水平方向位移大致在两侧边墙部分中点处。围岩竖直方向位移可以分为拱顶下沉位移和隧洞底部隆起位移两种,拱顶下沉位移方向竖直向下,最大拱顶下沉位移在拱顶中心处;

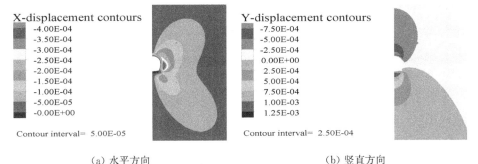

（a）水平方向   （b）竖直方向

图 3-5　隧洞及围岩位移云图

隧洞底部隆起位移竖直向上,在隧洞底部处较大,最大隧洞底部隆起位移大致在隧洞底部中点处。

　　根据计算成果,其多点位移计布置如下:在输水隧洞拱顶中心部位、边墙中间部位和隧洞底部中点处各设一组多点位移计,以监测隧洞围岩的变形和温度变化情况,监测仪器具体布置见图 3-6。

　　2. 监测设施埋设与安装

　　1）多点位移计的埋设与安装

　　多点位移计的埋设与安装方法同前。但应注意如下事项:

　　（1）多点位移计应在衬砌混凝土浇筑前埋设与安装。

　　（2）传感器浇筑于衬砌混凝土中,并注意传感器的防水保护。

　　（3）信号电缆应加装保护管后引出隧洞出口。

　　（4）安装垂直向上的多点位移计时,应保证水泥砂浆灌注密实,使锚头与孔壁紧密固结。

　　2）测缝计的安装

　　测缝计适用于长期埋设在水工建筑物或其他混凝土建筑物内或表面,测量结构物伸缩缝或周边缝的开合度（变形）。测缝计结构及安装示意图见图 3-7。

　　（1）附件的埋设

　　首先检查测缝计是否完好,将仪器接上读数仪,用手握住仪器两端,向两头拉或压,看读数仪读数是否正常。当确认测缝计完好后,将保护筒拆下来,准备先安装保护筒。根据设计要求确定埋设高程、方位,在设计定位的工作缝一侧模板的内侧上固定安装护管盖,之后将护管及前端座旋在护管盖上。附件安装一定要牢靠,以避免混凝土浇捣及拆模时保护筒发生移位。

　　（2）测缝计的埋设安装

　　拆模后在工作缝的外侧拧下护管盖,按设计编号将对应的测缝计（已接长电缆

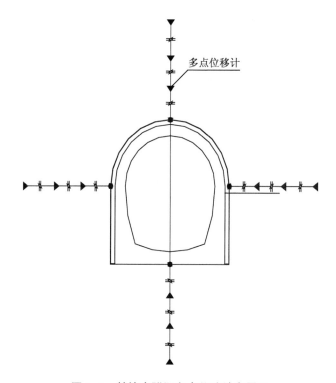

图 3-6　某输水隧洞多点位移计布置图

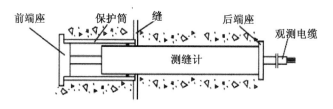

图 3-7　单向测缝计结构及埋设示意图

并旋上后端座)小心地旋紧在前端座上(用手旋紧)。调整测缝计的埋设零点。将电缆按设计走向埋设固定好,集中引出。

（3）其他注意事项

测缝计安装定位后应及时测量仪器初值,根据仪器编号和设计编号作好记录并存档,严格保护好仪器的引出电缆。

3.2.3　输水隧洞进、出口变形监测

对于危及输水隧洞及附属设施安全和运行的新老滑坡体或潜在滑坡体必须进

行监测。进(出)口边坡位移监测包括表面位移、裂缝、位错及深层位移的观测。有条件的应增设地下水位观测。

输水隧洞进口、出口边坡变形监测应符合下列要求：

（1）应以输水隧洞进(出)口边坡整体稳定性监测为主,兼顾局部稳定性,表面变形监测与内部变形监测宜结合布置。

（2）在地质条件及加固措施复杂或有勘探、稳定性分析成果的部位,设 1～3 个表面变形主监测断面,并宜在主断面附近设 1～2 个辅助监测断面。

（3）表面水平位移测点应沿监测断面布置,每个主监测断面不少于 3 个监测点。表面水平位移宜采用边角交会法、极坐标法或视准线法观测;具备条件时,可采用 GNSS 法监测。

（4）表面垂直位移测点宜与表面水平位移测点结合布置,宜采用精密水准法观测。

（5）内部变形测点宜与表面位移及地下水位测点结合布置,宜采用测斜仪、多点位移计及滑动测微计等监测,重要部位可采用垂线或其他适宜的方法监测。

（6）地表或深部裂缝变形宜采用测缝计或土体位移计监测。

3.3 渗透压力监测

渗透压力监测的目的是掌握输水隧洞内外水压力和渗流状态,评价其对隧洞安全运行的影响。外水压力是作用于隧洞衬砌外壁的法向水压力,其大小与地下水的埋藏、补给及排水条件、隔水层位置、周围岩石节理裂隙分布情况以及衬砌本身和周围岩石的透水性能等有关。内水压力是作用于隧洞衬砌内壁的法向水压力,其大小与隧洞运行的水头有关。内外水压力是作用于洞室衬砌上的一种荷载,所以当洞室埋深较深、地下水位较高时,它对洞室的衬砌型式和衬砌厚度的设计,常起控制作用;运行中也是隧洞结构安全的主要影响因素之一。隧洞渗透压力监测项目包括隧洞外部渗透压力、隧洞内水压力和渗透压力等。

3.3.1 监测断面及测点布置

1. 隧洞外部渗透压力监测

（1）隧洞渗透压力监测宜与变形监测结合设置,渗透压力监测断面与变形监测断面间距不宜大于 1 m。

（2）监测隧洞施工缝渗透压力时,应在两洞段接缝处设置监测断面。

（3）混凝土衬砌结构围岩体渗透压力监测一般沿洞周上、下、左、右对称布置 4

个测点,或可采用左上或右上 2 个测点的布置方式。

(4) 通过灌浆加固周边围岩的高水压隧洞,测点应设置在围岩固结灌浆圈以外。

2. 隧洞内水压力监测

(1) 不考虑动水压力且不计水头损失时,可不设置内水压力监测仪器,以隧洞进口水头作为内水压力。

(2) 隧洞静内水压力测点一般设置在最大压力点附近。监测水头损失时可沿洞线分段设置,监测压力突变或水头增加时,可根据洞型设置测点。

(3) 内水压力测点应设置在衬砌结构内部并与洞连通。

典型的输水隧洞渗透压力监测布置如图 3-8 所示。

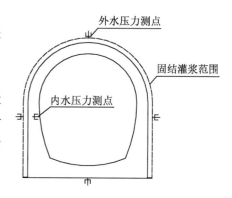

图 3-8　某输水隧洞渗透压力监测布置图

3.3.2　监测方法

输水隧洞内、外水压力均可采用渗压计进行监测。内水压力监测是将渗压计埋设在衬砌混凝土中,紧靠隧洞内壁;外水压力监测将渗压计埋设在衬砌混凝土外侧 1 m 范围内。

1. 埋设前准备

(1) 渗压计埋设前,必须进行室内检验,合格后方可使用。

(2) 取下仪器端部的透水石,在钢膜片上涂一层黄油或凡士林以防生锈。

(3) 按设计要求接长电缆,电缆接长时,必须将同色芯线接在一起,并用锡焊牢,认真进行硫化。亦可用双层热塑套管,进行热塑处理以连接电缆,电缆接长后须用测试仪器进行量测,并做好记录。

(4) 安装前需将渗压计在水中浸泡 24 h 以上,使其达到饱和状态,再在测头上包上装有干净饱和细砂的袋子,使仪器进水口通畅,防止水泥浆进入渗压计内部。

2. 外水压力监测渗压计的埋设

(1) 输水隧洞外水压力监测渗压计一般采用钻孔埋设,钻孔深度应超过固结灌浆范围以外 50 cm,孔径大于 110 mm。

(2) 将传感器装入能放入孔内的沙包中,包中装细砂。

(3) 在钻孔底部填充少量细砂,然后将装有仪器的沙包放入孔底,再在孔中填入细砂。

（4）在剩余孔段灌入水泥膨润土浆或预缩水泥砂浆进行封孔，然后将电缆线穿保护管后，固定在洞壁上引出。见图3-9。

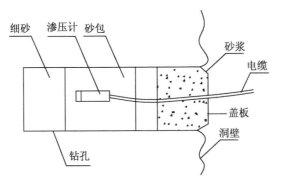

图 3-9　隧洞外水压力监测渗压计埋设图

3. 内水压力监测渗压计的埋设

（1）内水压力传感器应与衬砌混凝土浇筑施工同步埋设。

（2）安装前，用胶带将准备好的渗压计顶部透水石包好，避免透水石在混凝土浇筑时被水泥浆封堵。

（3）将传感器固定于绑扎好的钢筋上，必要时可制作专用安装支架，透水石顶端紧贴模板，固定牢固，以免振捣时松动。

（4）将电缆线穿保护管后，固定在洞壁上引出。

（5）混凝土浇筑完成后，将透水石表面的胶带撕下。如图3-10所示。

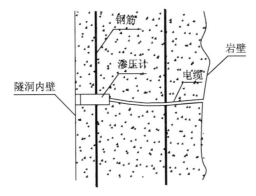

图 3-10　隧洞内水压力监测渗压计埋设图

3.4 应力应变监测

输水隧洞应力、应变及温度监测项目主要有混凝土或围岩内部及其表面(或接触面)的应力、应变,锚杆(锚索)应力、钢筋应力、钢支撑应力、温度监测等。应力、应变及温度监测应与变形、渗流监测项目协调布置,重要的物理量宜布置互相验证的监测仪器。应力、应变及温度监控量测宜采用差阻式、振弦式、光纤光栅传感器。

3.4.1 监测布置

1. 隧洞的应力和应变监测布置

(1)应按隧洞功能、地质条件、结构形式、受力状态及施工条件选择监测断面,施工期监测断面数量应由施工安全需要确定,必要时可增设临时监测断面;在具有代表性或关键的部位布置永久监测断面,宜和施工监测断面相结合,在其附近可设监测断面 1~2 个。

(2)测点布置应注意时空关系,在充分考虑围岩应力分布、岩体结构和地质代表性的基础上,依据设计计算得到的变化梯度合理确定测点数量(梯度大的点距小,梯度小的点距大)。

2. 围岩应力和应变监测布置

(1)围岩应力和应变监测宜与变形等必测项目布设在同一断面。

(2)衬砌采用钢筋混凝土结构时,根据拱圈受力方向(轴向)在断面上沿拱圈外缘和内缘布置混凝土应变计测点,应在拱顶和左右侧拱腰附近至少选择 3 个测点,地质条件不良、受力状态复杂、部位关键的断面宜在拱腰和拱脚位置增设测点。

(3)当需要测定大体积混凝土大小主应力时,可布设多向应变计组和相应的无应力计。

(4)钢筋混凝土衬砌中应布置钢筋应力测点,测点选择宜与应变计测点协调,钢筋计应与受力钢筋焊接在同一轴线上。有条件时应在钢筋计附近布置无应力计,同时监测钢筋和混凝土的受力状态。

(5)在围岩与支护结构间应根据压力分布大小和方向布置压应力计,测点选择应与应变计测点协调。

(6)当对围岩采用二次衬砌支护时,可根据施工和运行安全需要,参照衬砌监测设计,选择布置应(压)力、应变、钢筋应力等监测设施。

3. 锚杆应力监测布置

(1)当围岩采用锚杆进行加固时,应进行锚杆应力监测。测点布置应与其他监测项目协调。

（2）对于全断面设系统锚杆的监测断面，在拱顶、拱腰和拱脚应布置 3～7 个锚杆应力测孔（三测孔、五测孔、七测孔），每根锚杆宜布置 1～3 个测点，仪器采用锚杆应力计。

（3）对局部加强锚杆监测，应在加强区域内选择有代表性的部位设置锚杆应力计，具体部位可根据围岩条件和现场情况适当调整。

（4）应及时进行锚杆抗拔力量测，作为锚杆应力监测和围岩稳定性评判的依据。

4. 钢支撑应（压）力监测布置

（1）施工中采用钢支撑（型钢、钢管、钢筋格栅）支护应对围岩压力和钢支撑应力进行监测。测点布置应与其他监测项目协调。

（2）围岩对钢支撑压力的监测应在拱顶和两侧对称布置测点，测点数量根据围岩条件和钢支撑形式确定，仪器采用压力计（盒）。

（3）钢支撑应（内）力（轴力、弯矩）监测根据钢支撑类型确定。型钢监测应通过表面应变计测得钢支撑表面应变值，再通过应力应变关系计算确定应力值；钢筋格栅监测应直接采用钢筋计。

5. 隧洞进、出口边坡应力和应变监测布置

（1）边坡压力（应力）监测应布置在边坡稳定性较差和支护结构受力最大、最复杂的部位，根据潜在不稳定体规模可设 1～3 个监测断面。

（2）沿抗滑结构（桩、墙）正面不同高程宜布置压应力计、混凝土应变计和钢筋计，按抗滑结构高度可分别布设 3～5 个监测高程。

（3）边坡采用锚杆、预应力锚索等加固时，需进行锚杆、锚索受力状态监测。锚杆（索）计布置数量宜为施工总量的 3%～5%，根据实际需要可适当增加测点。

3.4.2 监测设施及安装方法

输水隧洞应力应变一般采用应变计、无应力计、钢筋（锚杆）应力计、钢板应力计、压应力计以及锚索测力计等进行监测。

1. 应变计

应变计在混凝土结构内埋设时，可采用支座、支杆固定。安装时应保持正确位置及方向，及时对仪器进行检测，并防止仪器损坏。

（1）单向应变计

可在混凝土振捣后，及时在埋设部位造孔埋设；埋设仪器的角度误差应不超过 1°，位置误差应不超过 2 cm。

（2）两向应变计

两向应变计应保持相互垂直,相距 8～10 cm;两应变计的中心线与结构表面的距离应相同。

（3）应变计组

应变计组应固定在支座及支杆上埋设,见图 3-11。支杆伸缩量应大于 0.5 mm,支座定向孔应能固定支杆的位置和方向。应根据应变计组在混凝土内的位置,分别采用预埋锚杆或带锚杆预制混凝土块固定支座位置和方向。埋设时,宜设置无底保护木箱,并随混凝土的升高而逐渐提升,直至取出。严格控制仪器方位,角度误差应不超过±1°。

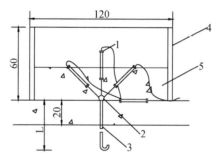

1-应变计；2-支座（支杆）；3-预埋锚杆；4-保护箱；5-混凝土。

图 3-11 应变计组埋设示意图（单位:cm）

（4）基岩应变计

基岩应变计标距长度应为 1～2 m。埋设孔径应大于仪器最大直径 4～5 cm,仪器应位于埋设孔中心,见图 3-12。孔内杂质要清除,并冲洗干净,排除积水。埋设时应用膨胀水泥砂浆填孔,如用普通水泥,需掺适量膨胀剂。为了防止砂浆对仪器变形的影响,应在仪器中间嵌一层 2 mm 厚的橡皮或油毛毡。仪器方向的误差应不超过±1°。

2. 无应力计[6]

无应力计筒一般应按图 3-13 加工,图中无括号的标注尺寸适用于仪器标距为 25 cm 的大应变计,有括号的标注尺寸适用于仪器标距为 10 cm 的小应变计,特高坝等特殊情况下其尺寸应当另外考虑。埋设时在无应力计筒内填满相应应变计组附近的混凝土,人工振捣密实。无应力计埋设在坝内部时,应将无应力计筒的大口向上。无应力计位置靠近坝面时,应尽量使无应力计筒的轴线与等温面垂直。

3. 应力计

应力计埋设时,应使仪器承压面朝向岩体并固定在钢筋或结构物上,浇筑的混

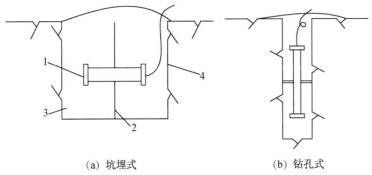

（a）坑埋式　　　　　　　　　（b）钻孔式

1-基岩应变计；2-隔层；3-水泥砂浆；4-岩石。

图 3-12　基岩应变计埋设示意图

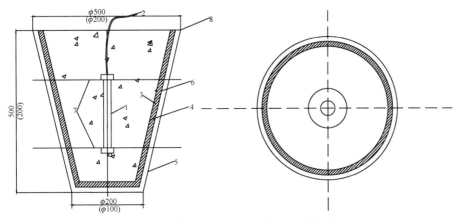

1-应变计；2-电缆；3-沥青层(5mm厚)；4-内筒（厚0.5mm)

5-外筒（厚1.2mm)；6-空隙（可填木屑或橡胶）；7-16号铁丝拉线；8-周边焊接。

图 3-13　无应力计套筒(单位：mm)

凝土应与承压面完全接触并呈垂直方向。水平方向安装时,埋设仪器的混凝土面应冲洗凿毛,底面应水平,在底面铺 6 mm 厚水泥砂浆垫层;水泥砂浆配合比为2：3,水灰比为 0.5,见图 3-14。水泥砂浆垫层初凝后,将更稠的水泥砂浆放在垫层上,将应力计放在水泥砂浆层上,边旋转边挤压以排除气泡和多余的水泥砂浆,置放三脚架和 10 kg 压重。随时用水准或水平尺校正仪器,使其保持水平。压重12 h 后,浇筑混凝土,振捣后取出三脚架和压重。浇筑、振捣混凝土时不得碰撞三脚架和仪器。

水平方向和倾斜方向安装时,应注意振捣密实,使混凝土与仪器承压面密切结合。应保证仪器的位置和方向正确。

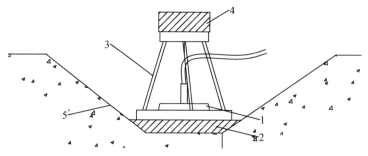

1-应力计；2-砂浆垫层；3-三脚架；4-加重块；5-混凝土。

图 3-14　压应力计埋设示意图（单位：mm）

4. 钢筋计

钢筋计应尽量焊接在同一直径的受力钢筋上并与其保持在同一轴线上，仪器应距受力钢筋之间的绑扎接头 1.2 m 以上。钢筋计的焊接可采用对焊、坡口焊或熔槽焊。焊接时及焊接后，可在仪器部位浇水冷却，使仪器温度不超过 60℃，但不得在焊缝处浇水。

5. 锚索测力计

锚索测力计应在无黏结锚索中安装，要求混凝土墩钢垫板与钻孔轴向垂直，其倾斜度不宜大于 2°，测力计与锚孔同轴，偏心不大于 5 mm。测力计垫板厚度不宜小于 2 cm，垫板与锚板平整光滑，表面光洁度宜为 Δ3。安装后，首先按要求进行单束锚索预紧，使其各束锚索受力均匀。然后分 4～5 级进行整体张拉，最大张力宜为设计总荷载的 115%。

3.4.3　监测方法

（1）监测仪器埋设时，应及时记录仪器及电缆埋设参数及附近浇筑的混凝土和环境条件。安装后，应及时做好标识与保护。

（2）使用直读式接收仪表进行观测时，每月应对仪表进行一次检验。

（3）仪器设备应妥善保护。电缆的编号牌应防止锈蚀、混淆或丢失。电缆长度需改变时，应在改变长度前后读取测值，并做好记录。集线箱及测控装置应保持干燥。

（4）仪器埋设后，应及时按适当频次观测以便获得仪器的初始值。初始值应根据埋设位置、材料的特性、仪器的性能及周围的温度等，从初期各次合格的观测值中选定。为便于监测资料分析，在各分析时段的起点应按适当频次观测，以便获得仪器的基准值。

（5）监测时，应同时记录掌子面位置、洞内温度等施工条件环境量。

（6）埋设初期一个月内，应变计、无应力计和温度计观测宜按如下频次进行：前 24 h，1 次/4 h；第 2～3 d，1 次/8 h；第 4～7 d，1 次/12 h；之后，1 次/24 h，连续 4 周后可延长监测周期。

3.5　本章小结

本章针对运行期输水隧洞监测的相关内容进行了研究。主要监测项目有变形监测、渗透压力监测和应力应变监测，具体结论归纳如下：

（1）监测断面应依据工程应用要求、工程地质条件和施工条件选择，一般在存在断层或软弱破碎带的洞段、浅埋洞段、土洞洞段和高地应力或高外水压力处。

（2）监测项目和测点布置应根据结构计算成果进行布置。变形监测点布置在变形最大方向上，围岩变形和衬砌结构变形应配合监测，采用多点位移计进行变形监测时，最深点应设置在围岩松动范围以外，作为相对不动点。应力监测点布置在应力最大方向。围岩应力和衬砌结构应力应配合监测。

（3）外水压力是隧洞运行的重要荷载，渗压计应埋设在紧靠衬砌混凝土外侧，以确保监测到外水对衬砌结构的压力。

4 基于监测资料的深埋隧洞围岩参数反演及数值分析

4.1 概述

位移监测是大部分隧洞工程施工中所必须包含的内容,如前所述,其监测的方法相对简单,获取的数据较为完整,基于位移反分析是目前隧洞反演分析最为普遍的方法。1971 年 Kvanagah 等提出反算弹性量的有限元法[52]。1976 年 H. A. DKisrtne 提出由实测岩体变形来反分析岩体弹性模量的方法[53]。1977 年 G. Maier 等[54]则从模型识别角度进行位移反分析的探讨。日本的樱井春辅提出了位移-应变反演确定初始地应力与地层弹性参数的有限元法。Gioda 在弹塑性问题的位移反分析方面做了大量工作,他先后采用了单纯形法、拟梯度法和 Powell 法等优化方法进行反演,提出了可同时确定初始地应力和地层参数的优化反演理论及方法等不少成果[54-58]。

我国在 20 世纪 70 年代末期开始了关于位移反分析的研究,且发展迅速。1978 年,中国科学院地质研究所就开始了位移反分析的研究,取得了开创性的成果。杨志法等[59]提出了三维问题的有限元图谱法——图解位移反分析法和三维问题有限元图谱法——E、P 双值位移反分析法,其有关围岩弹性模量的反演成果,得到了实验结果的很好验证。随后,冯紫良等[60]在 1983 年开始了初始地应力的位移反分析研究,并取得了很好的成果。西安科技大学刘怀恒、王芝银、李云鹏在位移反分析方面也取得了很好的成果[61-68]。严克强等提出了有限元-无界元耦合法反分析法。朱维申等[69,70]考虑了时空效应问题,提出了三维问题弹性位移反分析法。薛琳等[59,68,71,72]自 1986 年起对黏弹性问题分析法位移反分析进行了较系统的研究工作,并就 H-K 模型、Poyting-Thomson 体和 Burge 模型的解析法位移反分析问题研究取得了众多成果。薛琳等[72-74]又进一步提出了蠕变柔性等概念,应用于黏弹性位移反分析问题。李争鸣等利用黏弹塑性解下的位移-时间曲线的表达式,对巷道围岩的松动范围和原岩应力的大致范围做了近似的估计,研究了平面和三维应变条件下的黏弹性位移反分析。吴海青[75]提到了对反演问题参数进行正交设计的方法。杨志法等[59]提出了采用单纯形等方法的弹塑性位移反分析理论。郑颖人等[76-78]开展了应变空间中的弹塑性位移反分析问题的深入研究。冯紫良等[60]提出了位移余差反分析方法,用于弹塑性位移反分析。发展到后来,基于位移的反分析考虑了开挖支护等施工过程对反演分析的影响,仿真技术的应用也越来越广泛。反演分析理论和方法发展迅猛,许多学者在隧洞围岩物理力学参数的反演分析方面做了有益的探索[12,16-19,79,80]。但对不同部位、施工时期围岩力学参数的反演,以及弹塑性问题反演强度参数的唯一性等方面,还存在很多的不足。反分析的任务通常是确定岩体的力学参数等指标,也有对结构参数的反演。

一般说来,反分析的结果只是某种意义上的"等效参数",并非真实的参数。在应用反分析的结果时必须注意模型的一致性,即反演和利用所得参数进行正演时必须是相同的模型,这样才能保证所得结果的正确性。本章基于现场围岩位移现场监测值,对隧洞围岩进行反演分析,确定围岩参数。

4.2 工程概况

以某输水工程为例,该工程在隧洞开挖时采用了钻爆法。钻爆法主要是通过炸药爆炸,在极短的时间内产生气体,体积急剧扩大,产生巨大的能量来破坏岩石。炸药能在短暂的时间内,通过炸孔将能量释放出来,一方面产生高速冲击作用,同时产生高温高压气体,温度可以达到 2 000～5 000 ℃,压力可以达到 50～200 GPa。岩石受到巨大的冲击荷载之后,炸孔周边的岩石被压碎。压碎区外岩体产生大的切向应力,形成了辐射状开裂的径向裂缝。孔周岩体的压碎区大约为炮孔半径的一倍,而压碎区外的径向裂缝却能达到约 20 倍炮孔直径。冲击波作用的时间不到 1 ms,冲击波消失后,破裂的岩体又重新闭合。当爆破产生的气体开始作用后,裂缝才开始扩张并开始延长。高压气体是冲击波后的第二个作用过程,在高压气体的作用下,气体进入到裂缝中,在裂缝的尖端产生"气刃"效应,使得裂缝继续延伸。因此可以将钻爆法对岩石的作用看作一个瞬时完成的过程,岩体中产生的裂隙也会随着洞室的开挖而清除,所以在用有限元软件进行钻爆法开挖模拟时,开挖过程可以采用直接将开挖区一次开挖掉的模拟方法[81]。本次数值计算采用有限元软件 MIDAS,在开挖模拟过程中通过钝化单元的方法来实现一次性开挖。

工程隧洞埋深较大,局部最大埋深达到 1 000 m,平均埋深在 300～500 m 之间,极少部分埋深小于 100 m,此次选取进行建模的断面,靠近 YF11 号断层,围岩性质较为软弱,且埋深只有 80 m,断面编号为 G1-23,断面桩号 K96+640,选取 80 m 处进行数值计算,纵向长度 30 m,围岩主要分为 2 层,上层为岩屑凝灰岩,下层为安山岩,岩石等级为Ⅲb。地质剖面图如图 4-1 所示。

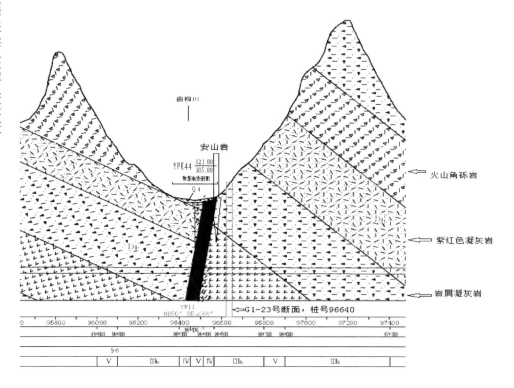

图 4-1　地质剖面图

4.3　围岩松动圈的现场测试和观测资料分析

声波测试松动圈的基本原理是垂直于洞壁打深度 3 m 左右的测试孔,将孔内灌满水,用超声换能器激发一定频率的弹性波,使其在钻孔中沿孔壁传播,并由两个具有一定间隔的接收换能器接收,通过对接收记录下来的弹性波分析,读出弹性波到达两换能器的时间,再计算出弹性波到达两换能器的时间差,此时间差也就是弹性波在岩石中两换能器之间的"旅行"时间,再由两换能器的间距除以这个时间差,即可计算出岩石中弹性波在两换能器之间的传播速度。也就是声波测试中某一个测点上的岩石声波波速。孔口松动圈声波速度相对较低,孔底完整岩体声波速度高,测试声波速度随孔深的变化规律依据声波速度从较低速到较高速的突变,即为松动圈厚度。

松动圈每个测试断面设 5 个测孔,编号从左到右分别为左壁 1 号孔,左侧拱肩2 号孔,顶拱 3 号孔,右侧拱肩 4 号孔,右壁 5 号孔。各孔孔深均为 4 m,孔径 60 mm。通过 5 个测孔反馈的数据可求得不同位置松动圈的厚度,施工期围岩松动圈监测数据见表 4-1。

表 4-1　某工程施工期围岩松动圈监测资料

桩号	孔号 1 松动圈厚度(m)	孔号 2 松动圈厚度(m)	孔号 3 松动圈厚度(m)	孔号 4 松动圈厚度(m)	孔号 5 松动圈厚度(m)	测试断面松动圈平均厚度(m)	对应岩层类别
K90+340	0.80	0.80	1.20	0.80	0.80	0.88	Ⅲa
K85+050	1.20	1.00	1.40	1.20	1.20	1.20	Ⅲa
K86+091	1.00	1.00	1.60	1.20	1.20	1.20	Ⅲa
K88+300	1.20	1.20	1.60	1.00	1.20	1.24	Ⅲa
K89+100	1.20	1.20	1.60	1.20	1.20	1.28	Ⅲa
K90+900	1.00	1.20	1.60	1.00	1.00	1.16	Ⅲa
K93+000	1.20	1.20	1.40	1.20	1.20	1.24	Ⅲa
K93+700	1.00	1.20	1.20	1.20	1.00	1.12	Ⅲa
K94+470	1.20	1.20	1.60	1.20	1.20	1.24	Ⅲa
K94+510	1.00	0.60	1.20	1.20	1.20	1.04	Ⅲa
K94+900	1.00	1.20	1.40	1.20	1.20	1.20	Ⅲa
K95+200	1.20	1.20	1.60	1.20	1.40	1.28	Ⅲa
K95+400	1.20	1.20	1.20	1.20	1.00	1.16	Ⅲa
K96+480	1.20	1.00	1.60	1.20	1.20	1.24	Ⅲb
K84+400	1.20	1.40	1.60	1.20	1.20	1.32	Ⅲb
K84+900	1.20	1.20	1.60	1.60	1.00	1.32	Ⅲb
K86+100	1.20	1.20	1.60	1.00	1.20	1.24	Ⅲb
K86+120	1.20	1.20	1.60	1.60	1.20	1.36	Ⅲb
K86+200	0.80	1.20	1.60	1.20	1.20	1.20	Ⅲb

桩号	孔号1 松动圈厚度(m)	孔号2 松动圈厚度(m)	孔号3 松动圈厚度(m)	孔号4 松动圈厚度(m)	孔号5 松动圈厚度(m)	测试断面松动圈平均厚度(m)	对应岩层类别
K87+300	1.20	1.20	1.60	1.20	1.00	1.24	Ⅲb
K87+440	1.20	1.00	1.40	1.20	1.20	1.20	Ⅲb
K87+700	1.20	1.20	1.60	1.20	1.20	1.28	Ⅲb
K88+270	1.20	1.20	1.40	1.00	1.20	1.20	Ⅲb
K89+000	1.20	1.20	1.40	1.20	1.20	1.24	Ⅲb
K89+900	1.20	1.20	1.60	1.20	1.20	1.28	Ⅲb
K90+000	1.20	1.20	1.40	1.20	1.40	1.28	Ⅲb
K90+515	1.20	1.40	1.60	1.20	1.20	1.32	Ⅲb
K94+320	1.20	1.00	1.60	1.20	1.20	1.24	Ⅲb
K94+650	1.20	1.20	1.60	1.00	1.20	1.24	Ⅲb
K95+155	1.20	1.40	1.60	1.20	1.40	1.36	Ⅲb
K96+400	1.20	1.40	1.60	1.20	1.20	1.32	Ⅲb
K96+800	1.00	1.20	1.60	1.20	1.00	1.20	Ⅲb
K98+035	1.20	1.20	1.40	1.20	1.20	1.24	Ⅲb
K98+325	1.20	1.40	1.60	1.20	1.20	1.32	Ⅲb
K84+520	1.60	1.40	1.80	1.60	1.60	1.60	Ⅳ
K86+000	1.60	1.60	1.80	1.60	1.60	1.64	Ⅳ
K86+023	1.60	1.80	1.80	1.60	1.60	1.68	Ⅳ
K86+023	1.60	1.80	1.80	1.60	1.60	1.68	Ⅳ
K86+145	1.60	1.60	1.40	1.60	1.60	1.56	Ⅳ
K87+855	1.60	1.40	1.80	1.60	1.40	1.56	Ⅳ
K87+870	1.60	1.60	1.60	1.60	1.60	1.60	Ⅳ
K87+913	1.60	1.60	1.80	1.40	1.60	1.60	Ⅳ
K92+480	1.60	1.60	1.80	1.60	1.60	1.64	Ⅳ
K92+915	1.60	1.40	1.80	1.60	1.60	1.60	Ⅳ
K96+560	1.20	1.60	1.60	1.60	1.60	1.52	Ⅳ

桩号	孔号1	孔号2	孔号3	孔号4	孔号5	测试断面松动圈平均厚度(m)	对应岩层类别
	松动圈厚度(m)	松动圈厚度(m)	松动圈厚度(m)	松动圈厚度(m)	松动圈厚度(m)		
K97+750	1.60	1.40	1.80	1.60	1.60	1.60	Ⅳ
K97+900	1.40	1.60	1.60	1.40	1.60	1.52	Ⅳ
K87+900	1.80	1.80	2.00	1.80	1.60	1.80	Ⅴ
K96+640	1.60	2.00	1.80	2.00	1.80	1.84	Ⅴ

由松动圈监测数据可得,当围岩等级降低时,爆破造成的围岩损伤区也随之增大,Ⅴ级围岩处的松动圈最大值已经达到2.00 m。

钻爆结束后,松动的围岩会进一步逐渐收敛,整个收敛过程将持续大约30 d,通过筛选,选出来的9个典型断面涵盖了Ⅲ、Ⅳ、Ⅴ三种等级的围岩,作出其顶点位移与时间的关系图,和两侧收敛位移与时间的关系图,详见图4-2、图4-3。图中

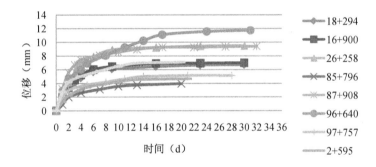

图4-2 顶点位移沉降图

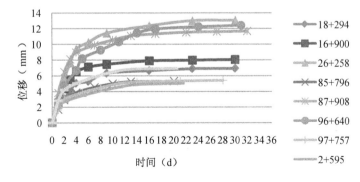

图4-3 两侧收敛位移图

K18+294、K85+796、K97+757 断面为Ⅳ级围岩，K16+900、K26+258、K0+093 为Ⅲ级围岩，K87+908、K96+640、K2+595 为Ⅴ级围岩。由图可以看出，隧洞围岩在最初的一周内收敛速度较快，一周后收敛速度明显减慢，同时监测的时间间隔会增加，当到达 30 d 的时候，围岩的收敛位移基本达到稳定，此时可以停止对围岩的收敛观测。围岩由于受到爆破的冲击荷载，原本岩性较差的岩石会变得更加的松散，岩石收敛位移值较小，岩性好的岩石收敛程度会较大，从图 4-2 中可以明显地看出，Ⅲ级围岩的收敛位移值大约是Ⅴ级围岩的 2 倍。

4.4 围岩参数反演分析

4.4.1 模型的建立

采用有限元法建立隧洞及周边围岩的模型时，需要对实际工况进行一定的简化。本次模拟进行了以下几个方面的假设：① 隧洞周围的岩石为单一围岩；② 岩石的初始应力只考虑自重应力。

本次施工断面的形状是五心圆，隧洞最大高度为 10.31 m，最大埋深 80 m。为了减少边界条件对计算结果的影响，以隧洞的圆心为原点，水平方向取值为 −50～50 m，纵向深度为 30 m，竖向取值为 −35～85 m，建立模型如图 4-4 所示。

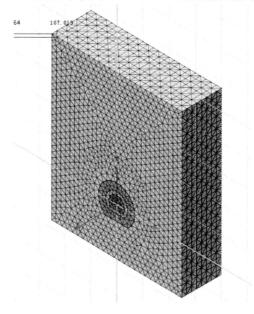

图 4-4 有限元模型图

4.4.2 边界条件的选取

模型的约束边界条件为：使用 MIDAS 中地面支撑，约束垂直于洞线方向边界面的 X 向位移，约束两个平行于洞线方向边界面的 Y 向位移，约束模型底面的 X、Y、Z 向位移。荷载只考虑岩石自身的重力荷载。

4.4.3 计算参数的选取

本次的计算断面，围岩参数初始值取自地勘给定的参数，松动圈和松弛圈的参数利用反演得出，原岩参数见表 4-2。

表 4-2 围岩计算初始参数表

材料类别	弹性模量（GPa）	泊松比	密度（g/cm³）	黏聚力（kPa）	内摩擦角（°）
原岩	2.0	0.4	2.0	300	40

4.4.4 计算过程及结果分析

1. 松动圈的模拟

在钻爆的过程中，爆破产生的冲击和震动荷载破坏了原岩应力的平衡状态，围岩受力状态由三向变成了近似两向，导致围岩应力重新分布和局部应力集中，造成岩石强度的大幅度下降。围岩中出现一个松弛的破碎带，即围岩松动圈。为了准确模拟松动圈和松弛圈，松动圈的厚度采用现场 K96+640 断面的监测值来确定，监测数据见表 4-1。由于松弛圈的影响范围较大，现场监测不能够准确反映出松弛圈的厚度，在参考了文献并结合其他工程的部分监测分析资料后确定了松弛圈厚度。刘恒等[36]采用了 3.6 m 的开挖半径，结合理论解、钻爆法数值模拟损伤区域、TBM 掘进法数值模拟损伤区域，研究结论显示，在洞周的塑性区和弹塑性区，直到距隧洞中心 15.6 m 处才接近原岩应力，故弹塑性区（松弛圈）的厚度达到了 10 m，由于弹塑性区（松弛圈）距离隧洞越远强度越接近原岩，所以在模拟的过程中为了简化计算过程，并没有模拟松弛圈的渐变过程。

在建模过程中，通过降低洞周围岩的强度参数来模拟松动圈。在 MIDAS 中运用参数优化模块，当隧洞主体开挖完成，开始逐渐降低隧洞周围岩的强度参数，模拟围岩松动圈的形成。

2. 施工过程的模拟

本次数值计算采用钝化单元的形式来完成，模拟隧洞总长为 30 m，由于在实际开挖过程中,钻爆一次可以开挖5～8 m的距离,所以在模拟开挖过程时,隧洞总计分为6段,每段5 m。当钝化第一块隧洞岩体后,开始植入锚杆,然后进行混凝土的喷射,来进行隧洞的初期支护。隧洞由于受到爆破荷载的影响,在松动圈外侧,围岩的属性达不到原岩层的属性,这一过渡层的岩层强度高于松动圈,但低于原岩层的强度,这一过渡层称为松弛圈,在实际状态下,松弛圈的强度随着远离隧洞,强度逐渐变高,直至与原岩相同,在模拟时,将松弛圈简化为各向同性强度,以便于进行计算。开挖过程如图4-5所示。

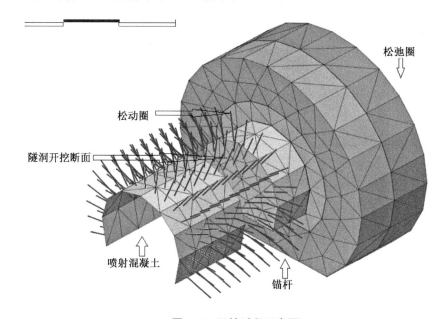

图4-5 开挖过程示意图

3. 有限元分析与参数反演

在输水隧洞开挖过程中,分析共分为两步。第一步只考虑围岩在未开挖的状态下,由于自身重力而导致的围岩变形和应力,即隧洞开挖前的初始应力应变场,如图4-6、图4-7所示。第二步分析时,清零原有位移,对开挖过程进行三维有限元分析。

在开挖阶段,通过钝化隧洞主体单元,模拟开挖的过程。清零第一阶段位移,对整个开挖过程重新进行计算,较为准确地计算整个开挖过程中的应力应变。由分析结果可得,在隧洞的底部出现一部分的隆起,位移达到10.14 mm,隧洞的顶部产生沉降,最大沉降位移为10.60 mm。水平方向的位移云图逐渐形成一个蝴蝶状,由于围岩的收敛,水平方向的位移不断向两侧收缩,位移分别为5.952 mm、

5.976 2 mm。计算结果见图 4-8、图 4-9。

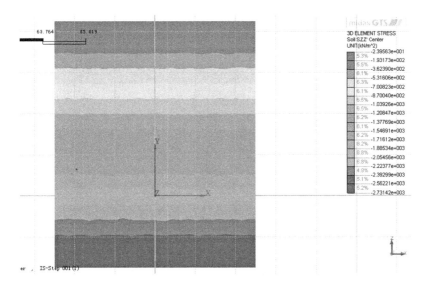

图 4-6　初始应力场

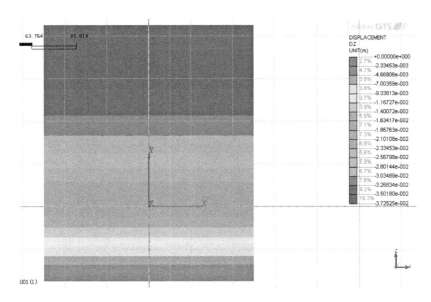

图 4-7　初始位移场

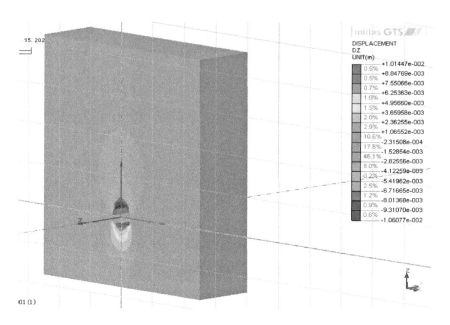

图 4-8　竖直方向位移等值线图

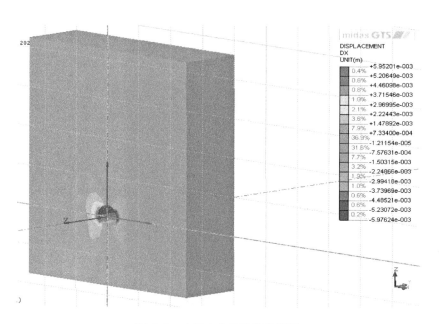

图 4-9　水平方向位移等值线图

由开挖过程中水平和竖直方向的应力云图可以直观地看到隧洞开挖过程中的受力位置,隧洞两侧松动圈处存在较大的应力,应力最大值已经达到2.55 MPa,计算结果见图4-10、图4-11。

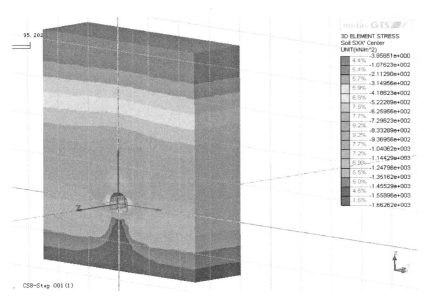

图 4-10　水平方向应力云图

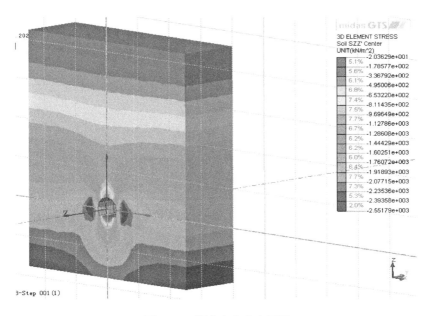

图 4-11　竖直方向应力云图

　　从上图可以看出,隧洞两侧松动圈范围内出现了较大的应力变化,在施工的过程中需要加强对隧洞两侧的支护,保证施工安全进行。在计算断面处,施工方对围岩进行了 31 d 的监测,直至围岩收敛变形趋于稳定才停止监测,监测布置见图 4-12。*BC* 线最大变形值为 12.40 mm,*A* 点的最大沉降值为 11.72 mm。现场监测值与数值模拟计算值的曲线图见图 4-13、图 4-14,可以直观地看出,数值模拟计算值与现场实测数据拟合度较高。

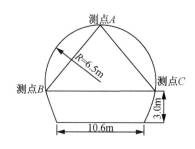

图 4-12　测点布置示意图

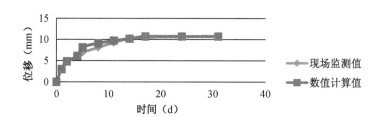

图 4-13　顶点沉降位移计算与实测对比图

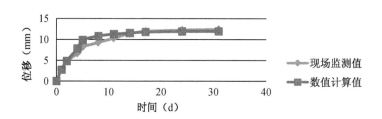

图 4-14　BC 线最大变形计算与实测对比图

　　比较实测值和计算值,由优化计算得到最优参数,通过迭代计算,调整围岩参数求出最终的反演参数,表 4-3 为最终的反演结果。

表 4-3　围岩反演参数表

材料类别	弹性模量 （GPa）	泊松比	密度 （g/cm³）	黏聚力 （kPa）	内摩擦角 （°）
原岩	2.0	0.4	2.0	300	40
松弛圈	1.2	0.4	2.0	300	40
松动圈	0.8	0.4	1.9	300	40

通过数值计算得出 A 点的最大沉降值为 10.14 mm，BC 线最大变形值为 10.25 mm，与现场实测数据基本吻合，反演得出的围岩参数可信。

4.5　输水隧洞运行期数值模拟分析

建立三维地层模型，最大程度模拟隧洞在不同工况下的运行情况，运用实体单元来模拟衬砌，并且在地层分析中，将之前反演得到的围岩、松动圈和松弛圈的数据作为此次的分析数据，确保能够真实地分析出衬砌的受力情况。通过三维模型，能够清晰地了解衬砌结构的受力情况，并分析衬砌在不同工况下的运行情况。

建立三维模型的几个假设：① 外侧围岩的属性一致；② 松动圈和松弛圈的厚度一样，并且形成一个圆，包围整个隧洞；③ 隧洞衬砌假设为纯弹性，考虑钢筋与混凝土的共同作用，不在衬砌中设置钢筋单元。模型如图 4-15、图 4-16 所示。图 4-16 中由外到内依次是松动圈、锚杆、松弛圈、衬砌。

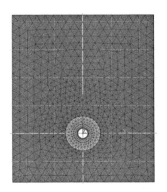
图 4-15　地层-结构模型图

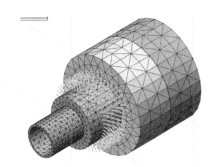
图 4-16　隧洞模拟图

建模时围岩力学参数用第 3 章反演的结果，衬砌混凝土的参数参考现场施工时实验所取得的物理力学参数，具体的参数选取见表 4-4。

表 4-4　衬砌混凝土参数

材料类别	弹性模量(GPa)	泊松比	重度(kN/m³)
衬砌	31.5	0.2	24

4.5.1　无压状态下变形分析

隧洞衬砌在围岩压力和地下水压力的共同作用下,受到较高的压力。在隧洞没有运行的状态时,只存在外部压力,此时处于最不利工况状态,衬砌所受外侧压力达到最大,产生的应力应变云图如图 4-17 所示。从图中可以看出围岩整体的沉降变形。图 4-18 是衬砌的水平方向位移云图,由图可知,在受到外侧压力荷载的情况下,两侧的衬砌产生向内的位移,位移值分别为 0.489 mm 和 0.487 mm。

衬砌竖直方向位移云图如图 4-19 所示,顶部和底部衬砌都产生沉降,顶部沉降值较大,达到 9.55 mm,底部位移为 5.37 mm。

水平方向单元应力分布云图见图 4-20,可知,衬砌底部水平方向受力最大,达到 8.22 MPa。由于外侧荷载随着埋深的增加而增加,水平方向的应力分布两侧最小,衬砌顶部受力比底部荷载较小,但是远高于隧洞两侧的衬砌。

竖直方向单元应力分布云图见图 4-21,可以清晰地看出,两侧隧洞衬砌的应力由于受到上部围岩的重力作用,应力最大值已经达到 13.73 MPa,结合水平方向的单元应力,隧洞两侧衬砌的受力情况为整体衬砌中的最大值。

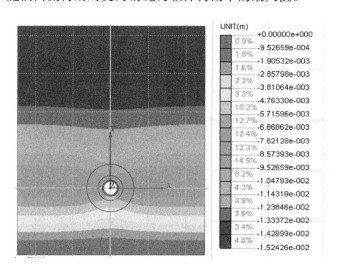

图 4-17　地层-结构模型位移云图

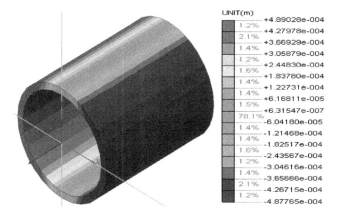

图 4-18　水平方向衬砌位移云图

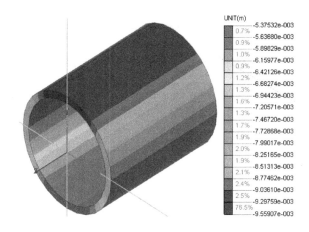

图 4-19　竖直方向位移云图

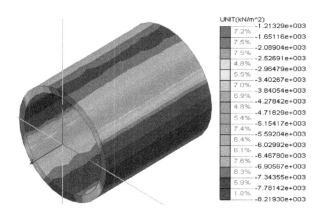

图 4-20　水平方向单元应力分布云图

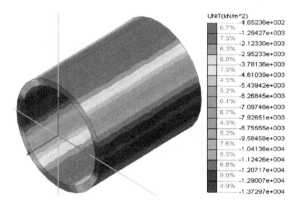

图 4-21　竖直方向单元应力分布云图

4.5.2　300 m 水头有压状态下变形分析

当隧洞开始运行时,内部过水,此时内部产生水压力,假设内部的高压水头处于静止状态,高压水头会在内部产生与外荷载相反的作用力,通过数值计算可以看出,隧洞内部存在高压水头时,衬砌相同位置的应力应变都要小于内部无水的状态,图 4-22 至图 4-25 为以 300 m 水头为例的位移和应力云图。

通过对衬砌空水和充满 300 m 高压水头两种工况的分析,可以明显地比较出,在隧洞充满高压水的情况下,由于受到内部压力的抵消,衬砌外荷载产生的效果减少,衬砌的安全性提高。

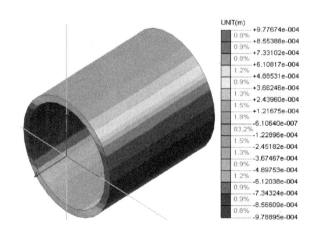

图 4-22　300 m 水头下水平方向位移云图

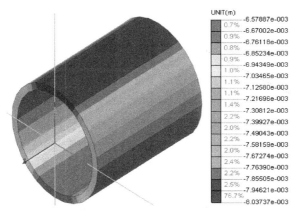

图 4-23　300 m 水头下竖直方向位移云图

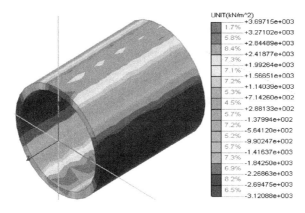

图 4-24　300 m 水头下水平方向应力云图

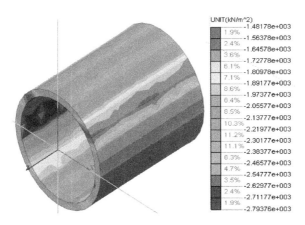

图 4-25　300 m 水头下竖直方向应力云图

4.6 本章小结

本章利用现场的围岩收敛监测数据对隧洞围岩的参数进行了反演分析,并利用反演参数进行三维数值计算,具体结论归纳如下:

(1)通过分析现场的监测数据,得到围岩的收敛变化曲线图,并且结合超声波现场检查,得出三维数值模拟所需的松动圈厚度,由于松弛圈的形成是一个渐变的过程,在取值时,参考监测数据和有关文献,确定了松弛圈厚度。

(2)利用收敛位移监测值,通过比较实测值和计算值,由优化计算得到最优参数,通过迭代计算,调整围岩参数求出最终的反演参数。结果表明,隧洞围岩松动圈在受到爆破荷载影响后,围岩强度降低较大,弹性模量降低至 0.8 GPa,松弛圈弹性模量降低至 1.8 GPa。

(3)在对运行中衬砌进行模拟分析时,采用了反演分析时的参数,并且模型尺寸相同,分析了隧洞空水和 300 m 水头两种工况。在隧洞内无水的情况下顶部和底部衬砌都产生沉降,顶部沉降值较大,达到 9.55 mm,底部位移为 5.37 mm,应力值分别为:顶部约为 8 MPa,底部达到 8.22 MPa,两侧的应力值对称分布,为 13.73 MPa,相比较 300 m 水头的工况,无论是位移还是应力分布,隧洞内无水的工况都远高于 300 m 水头的工况。

5　复杂引调水工程典型建筑物破坏模式分析

5.1　复杂引调水工程典型建筑物破坏模式分析

5.2　水源工程破坏模式

水库一般是复杂引调水工程的水源工程,在长距离引调水工程中起着至关重要的作用,主要体现在:保证干线连续输水,保证各分水库分水量,提高供水保证率。水库大坝一旦失事,势必对下游地区造成重大生命财产威胁,国内外学者对水库大坝的破坏模式做了广泛研究:董建良等[82]运用事件树分析法原理,以油罗口水库大坝洪水荷载作为初始事件,对大坝可能的破坏模式及其溃坝概率进行了分析和计算;罗优等[83]进行了土石坝漫顶破坏试验,试验中观测到 3 种漫顶破坏模式,并分析得到影响坝体破坏模式的各类因素,如不均匀冲刷、坝体材料不均等,总结了各类因素与破坏模式的联系;姚霄雯等[84]通过收集国内外 74 座混凝土坝溃坝统计资料,总结了混凝土坝的溃坝特点、溃坝原因,提出了主要破坏模式及破坏路径。

对于土石坝,主要的破坏模式有漫顶、裂缝、渗漏和滑坡等,例如:浙江省桥墩门水库,溃决原因为台风、降雨量大,库水位上涨速度过快,导致洪水漫顶;青海省英德尔水库大坝破坏是由于裂缝而产生了接触渗流;江西省茄坑水库溃坝原因为发生集中渗漏和接触渗漏,溃口不断增大最终导致溃坝;青海省溃决的沟后面板砂砾石坝,由于渗流影响和坝顶剪切滑移,最终形成溃口而失事。对于混凝土坝(包括重力坝、拱坝、支墩坝等),主要的破坏模式有漫顶、坝基发生破坏、坝体破坏等,例如:意大利的 Sella Zerbino 大坝为建造在 Orba 河上的浆砌石重力坝,1935 年 8月 13 日受强降雨影响,主坝溢洪道无法正常泄洪,导致大坝发生漫顶,事后大坝由于坝基被下泄水流淘刷破坏,最终整体发生溃决;法国 Malpasset 拱坝溃坝原因为水库蓄水后坝踵受拉开裂,在高压水流作用下,坝肩渗流场产生的巨大扬压力加上拱推力使得支撑左坝肩的楔形岩体滑动,造成左坝肩发生变形破坏,最终导致整体溃决;西班牙 Leguaseca 混凝土连拱坝于 1987 年发生溃决,溃坝原因为混凝土受到酸性库水腐蚀变质引起坝体材料强度降低,从而导致坝体结构破坏。综上所述,土石坝和混凝土坝在不同溃坝模式下的主要溃坝路径见表 5-1 和表 5-2。

表 5-1　土石坝主要破坏模式

破坏模式	起始原因	发展过程	导致结果
漫顶	洪水	坝顶高程不足、溢洪道泄流能力不足或闸门故障—水位上升—坝顶高程不足下游坡大范围散浸或坝体渗流—坝体失稳—坝顶高程降低、上游水库垮坝洪水—坝顶高程严重不足; 大坝下游不能安全下泄—坝顶高程降低	漫顶—冲刷坝体—干预无效—溃坝
	地震	边坡软弱夹层破坏或裂隙扩展—上游滑坡—涌浪; 基础液化—高程降低、裂缝	
裂缝	洪水	上游坝体饱和—纵向裂缝—坝体局部失稳—坝顶高程降低; 坝体深横纵向裂缝—集中渗流破坏	裂缝—干预无效—溃坝
渗漏	坝体不均匀沉陷,坝下压力涵管断裂	渗流—管涌或渗漏通道	坝体渗漏—干预无效—溃坝
	坝址处工程地质条件不良且未处理	水压力作用—防渗、导渗失效—坝基发生管涌、流土等渗透破坏现象	坝基渗漏—干预无效—溃坝
滑坡	坝基下存在软弱夹层,水位下落速度过快,地震	坝基抗剪强度差—滑坡水位无法控制—迎水坡引起滑坡; 边坡结构性破坏滑坡	滑坡—干预无效—渠道破坏

表 5-2　混凝土坝主要破坏模式

破坏模式	起始原因	发展过程	导致结果
漫顶	洪水	坝顶高程不足; 溢洪道泄流能力不足或闸门故障—水位上升—坝顶高程不足; 上游水库垮坝洪水—坝顶高程严重不足	漫顶—冲刷坝体—干预无效—溃坝
	地震	边坡软弱夹层破坏或裂隙扩展—上游滑坡—涌浪	

破坏模式	起始原因	发展过程	导致结果
坝基或坝肩发生破坏	基岩断层未发现,未处理或处理不当,渗控体系存在缺陷	蓄水受力—软弱面开裂破坏;坝基或坝肩扬压力超限	坝基或坝肩滑动失稳—干预无效—溃坝
坝体破坏	碱骨料反应或冻融、腐蚀洪水或地震	混凝土强度、密实度降低—坝体开裂或倾覆、坝体应力超限—坝体开裂或倾覆	坝体破坏失稳—干预无效—溃坝

5.3 输水渠道的破坏模式

输水渠道作为水源工程和供水目标之间的桥梁,在长距离复杂引调水工程中起到重要的连接作用,它保证了水源运输、合理地调度水资源,因此研究输水渠道常见病害,使输水渠道发挥其应有的作用是必要的。目前国内外学者对输水渠道的破坏模式研究有:张建国[85]根据实际水利工程中出现的多种渠道渗漏问题,分析得出地基处理不当、冻胀、地下水反渗为主要因素;赵庆乐[86]就输水渠道的冲刷和淤积问题展开研究,通过模型实验确定了破坏方式;何勇军等人通过调研发现山洪灾害是严重影响输水渠道的一种破坏方法。输水渠道的破坏有多种形式,包括渗漏、裂缝、滑坡、冲刷、淤积、山洪灾害等,例如:湖北阳武干渠狮子头险段为傍山半挖半填渠段,该处先后多次发生坡脚渗漏,并进行过简单表层处理,在灌区抗旱输水时右侧外坡脚再次出现严重渗漏现象;西安市黑河引水工程输水渠道工程沿线主要建筑物 67 座,均为 1995 年以前建成并投入运行,因常年遭受气候变化、风蚀、冻融、碳化等原因,渠道部分位置已存在不同程度的裂缝;辽宁沈阳浑北总干渠渠道为土质结构,渠外地表常年积水而逐级向渠内不断渗透,致使渠道两侧土层沼泽化,渠道地基逐渐变软基,边坡饱和过度,整体抗剪性能大幅降低,最终滑坡;叶尔羌河流域东岸输水总干渠,渠道边坡设计不合理导致输水流速过大,造成渠道的破坏;贺兰山中南部发生短历时强降雨,造成永宁县闽宁镇西侧贺兰山多条山洪沟发生山洪,洪水经导洪沟进入横沟拦洪库,造成闽宁镇北五沟拦洪库泄洪闸冲毁、导洪堤多处迎水面护坡塌落、多条渠道损坏。综上所述,输水渠道在不同破坏模式下的破坏路径见表 5-3。

表 5-3　输水渠道主要破坏模式

破坏模式	起始原因	发展过程	导致结果
渗漏	土壤冻胀破坏,地下反渗	冻胀应力不均匀分布—混凝土面板破坏; 混凝土严重变形或隆起—大面积塌落—渠坡土壤流失严重	渠道渗漏—干预无效—渠道破坏
裂缝	施工时未对混凝土保护,水化反应,水分蒸发	温差大,热胀冷缩—表面拉应力大于极限承载力; 混凝土失水过多—混凝土收缩; 水泥中水分减少—水泥发生干缩—混凝土挤压	温度裂缝—干预无效—渠道破坏; 塑性收缩裂缝—干预无效—渠道破坏; 干缩裂缝—干预无效—渠道破坏
滑坡	降雨/河水作用	渠道防渗衬砌质量差—长期雨水或河水入渗达到饱和; 坡面受雨水渗入或冲刷—基岩不稳定—受冲刷和切岸作用	边坡稳定性降低—干预无效—渠道破坏
	气候因素	土壤冻胀破坏—土体强度降低	
冲刷	渠道水流过大	渠道初始设计不合理—陡坡大,转弯多,过于狭窄—输水流速大于不冲流速; 施工质量差—达不到原设计流速; 土质不好(淤泥)—抗冲刷能力差 运行管理不善	渠道发生冲刷—干预无效—渠道破坏
淤积	杂草过多,上游水面坡度改变	糙率增大—渠水流速降低至临界淤泥流速之下; 上游水面坡度改变—输沙能力降低	渠底淤积—干预无效—渠道破坏
山洪灾害	洪水	集中降雨—山洪灾害—冲断渠道	山洪灾害—干预无效—渠道破坏

　　复杂引调水工程的渠道系统以明渠为主,由于其线路过长,除按上述典型破坏模式进行分类外,渠道的地质、运行及场地条件等均会对其破坏模式产生影响,因此提取各渠段在设计运行条件等方面的共性进行分类,主要分为 7 个渠段类型。根据已发生的险情记录对不同渠段的典型灾变模式链进行梳理,汇总信息见表5-4。

表 5-4　不同渠段典型灾变模式链汇总

渠段类型	典型灾变模式链
膨胀岩（土）段	暴雨洪水、地形改变→汇水→漫顶溃决、边坡冲刷→滑坡
	暴雨洪水、软弱夹层→滑坡
	暴雨洪水→边坡冲刷→滑坡
	不均匀沉降→衬砌、护坡翘起、断裂→滑坡
	衬砌、护坡裂缝→滑坡
	高地下水位→衬砌、护坡翘起、断裂→渗漏破坏
	人为破坏→衬砌、护坡翘起、断裂→渗漏破坏
高地下水位段	暴雨洪水→边坡冲刷→衬砌面板隆起→渗漏破坏
	暴雨洪水→边坡冲刷→滑坡
	暴雨洪水→衬砌、护坡裂缝、衬砌面板隆起→渗漏破坏
	不均匀沉降→衬砌、护坡裂缝、衬砌面板隆起→渗漏破坏
	不均匀沉降→衬砌、护坡裂缝→渗漏破坏
	衬砌、护坡裂缝→渗漏破坏
	不均匀沉降→衬砌、护坡翘起、断裂→衬砌、护坡裂缝→滑坡
	衬砌面板隆起→渗漏破坏
	衬砌面板隆起→滑坡
	衬砌止水破坏→渗漏破坏
	高地下水位→衬砌、护坡翘起、断裂→漫顶溃决
湿陷黄土段	暴雨洪水→边坡冲刷→滑坡
	极端天气→冰塞
	设计条件→排水不畅→浸泡渠堤→滑坡
高填方段	高地下水→坡脚渗漏→排水破坏→渗漏破坏
	不均匀沉降→衬砌、护坡翘起、断裂→滑坡
	暴雨洪水→边坡冲刷→滑坡
	不均匀沉降→漫顶溃决、渗漏破坏
	暴雨洪水→汇水→漫顶溃决、坡脚浸泡→滑坡、渗漏破坏

渠段类型	典型灾变模式链
近建筑物段	坝脚渗水→渗漏破坏
	暴雨洪水→边坡冲刷→滑坡
	不均匀沉降→衬砌、护坡裂缝→渗漏破坏
	暴雨洪水→滑坡
	边坡冲刷→滑坡
	衬砌、护坡裂缝→渗漏破坏
	衬砌、护坡翘起、断裂→滑坡→渗漏破坏
	不均匀沉降→护坡、衬砌裂缝→滑坡
	衬砌面板隆起→坡脚渗漏、护坡、衬砌裂缝→不均匀沉降→漫顶溃决
	衬砌、护坡翘起、断裂→渗漏破坏
	工程质量→渗透破坏
	人为破坏→衬砌、护坡翘起、断裂→渗漏破坏
	极端天气→冻胀破坏→衬砌、护坡翘起、断裂→滑坡
特殊段	工程质量、人为破坏→滑坡
	设计条件→渗漏破坏
	汇水→漫顶溃决、不均匀沉降→滑坡、渗漏破坏、衬砌、护坡翘起、断裂→滑坡
	工程质量→渗透破坏
其他渠段	暴雨洪水→不均匀沉降、边坡冲刷→滑坡、漫顶溃决
	边坡浸泡→不均匀沉降→衬砌、护坡翘起、断裂
	暴雨洪水→滑坡
	暴雨洪水→不均匀沉降、衬砌面板隆起、衬、护坡裂缝、边坡冲刷→滑坡、漫顶溃决
	暴雨洪水→汇水→漫顶溃决
	暴雨洪水→止水破坏→衬砌面板隆起、衬砌、护坡翘起、断裂→衬砌、护坡裂缝、滑坡→渗漏破坏
	暴雨洪水→止水破坏→边坡冲刷→淤堵→排水破坏→渗漏破坏
	不均匀沉降→衬砌、护坡裂缝→衬砌、护坡翘起、断裂→滑坡
	不均匀沉降→衬砌、护坡裂缝、衬砌、护坡翘起、断裂
	不均匀沉降→衬砌、护坡裂缝

渠段类型	典型灾变模式链
其他渠段	不均匀沉降、汇水→漫顶溃决、边坡渗水→渗漏破坏→滑坡、漫顶溃决
	边坡浸泡→衬砌、护坡翘起、断裂→渗漏破坏
	不均匀沉降→渗漏破坏→滑坡、漫顶溃决
	不均匀沉降→衬砌、护坡翘起、断裂
	不均匀沉降→衬砌、护坡翘起、断裂→渗漏破坏
	不均匀沉降→衬砌、护坡翘起、断裂→止水破坏→渗漏破坏
	不均匀沉降→衬砌、护坡裂缝→渗漏破坏、漫顶溃决
	不均匀沉降→衬砌、护坡翘起、断裂→渗漏破坏、漫顶溃决
	衬砌、护坡翘起、断裂→滑坡
	衬砌、护坡裂缝、衬砌、护坡翘起、断裂→滑坡、渗漏破坏
	衬砌、护坡裂缝、衬砌、护坡翘起、断裂→不均匀沉降
	衬砌、护坡翘起、断裂→坡脚渗水→滑坡、漫顶溃决
	衬砌、护坡翘起、断裂→衬砌、护坡裂缝→滑坡、渗漏破坏
	衬砌面板隆起→滑坡
	衬砌面板隆起→滑坡、止水破坏→渗漏破坏
	衬砌面板隆起→滑坡、渗漏破坏
	衬砌面板隆起→滑坡、止水破坏、衬砌、护坡裂缝→渗漏破坏
	衬砌、护坡翘起、断裂→渗漏破坏
	滑坡→排水破坏
	建筑物破坏→边坡冲刷→滑坡
	衬砌面板隆起→渗漏破坏
	极端天气→淤堵→渗漏破坏、漫顶溃决
	人类活动→渗漏破坏→滑坡
	人类活动→地形改变→汇水→漫顶溃决、坡脚浸泡→滑坡
	人类活动→地形改变→汇水→坡脚浸泡→滑坡
	水位条件变化→衬砌面板隆起→渗漏破坏
	止水破坏→衬砌、护坡裂缝、不均匀沉降→衬砌、护坡翘起、断裂→渗漏破坏

5.4 隧洞的破坏模式

长距离输、引水隧洞大都处于山区或丘陵地区,地下洞室的地质条件较为复杂,计算参数也难以准确获取,在实际施工过程中,施工经验与开挖方式也不相同,这些因素导致隧洞的破坏概率极高。目前的研究工作有:王昆等[87]针对云南某大型输水工程隧洞施工中遇到的破坏问题,对破坏因素、类型及特点进行分析,提出符合工程实际的防治措施;郑颖人等[88]通过数值模拟与实验相结合,采用有限元强度折减法,分析隧洞破坏机理;张文东等[89]通过对某隧洞围岩岩爆记录的研究,分析出岩爆围岩破坏方式。常见的隧洞破坏模式有涌水涌沙、岩爆、塌方、空穴、高地温和有毒气体等。例如:牛栏江—滇池补水工程中,大五山9号支洞进入支洞底部平段间,由于遇到结构断层导致涌水、涌沙;锦屏二级水电站引水隧洞部分集中区域因埋深大,对应地应力较大,发生强烈岩爆次数达74次;引洮工程中,引洮总干渠某隧洞中段横穿大断裂带,土体稳定性差,导致施工过程中塌方;响洪甸水电站泄洪隧洞出口门槽由于施工质量差,使衬砌造成空穴;云南禄劝铅厂引水隧洞突发高地温,造成施工人员的中暑反应及设备故障;四川卡基娃水电站引水隧洞施工时从裂隙喷射出大量硫化氢气体和一氧化碳气体,安全人员在佩戴防护面具的情况下仍出现头晕、呕吐等不适反应。根据已建和在建大型深埋隧洞工程分析,隧洞的不同破坏模式下的破坏路径见表5-5。

表 5-5 隧洞主要破坏模式

破坏模式	起始原因	发展过程	导致结果
涌水、涌沙	岩溶水(包括岩溶裂隙水,管道水,地下暗河)	含水层结构被破坏—水动力条件改变,围岩力学平衡被打破	涌水或涌沙—干预无效—隧洞破坏
岩爆	高地应力 切向应力集中	围岩因卸荷现象发生脆性破坏—应变能突然释放; 围岩破裂—裂纹扩展—正应力降低—能量突然释放	岩爆—干预无效—隧洞破坏
塌方	软岩大变形 区域性大断裂带 岩溶洞穴 洞室开挖	围岩稳定性差—剪切变形—蠕变转向突变断层带的围岩稳定性差; 洞穴处于隧洞底板附近—隧洞悬空,洞穴顶板过薄,围岩应力重分布—产生变形和位移—围岩松弛	洞室坍塌—干预无效—隧洞破坏
空穴	混凝土衬砌质量差 回填灌浆质量差	抗拉强度达不到要求; 顶拱部位与岩石间留有空隙	空穴—干预无效—隧洞破坏

破坏模式	起始原因	发展过程	导致结果
高地温	火山热的热源 放射性元素	火山岩浆集中处的热能—传给周围岩层； 放射性元素裂变	高地温—干预无效—隧洞破坏

5.5 泵站的破坏模式

泵站在引调水工程中的主要任务是承担泵站所在地区的防洪防涝、调水灌溉以及生活供水等任务,我国泵站发展落后,整体工程质量较差。泵站在建筑物结构方面、机电设备和金属结构三方面都可能存在缺陷和破坏,例如:兰州市关山泵站建成后,由于黄土特有的湿陷性和低力学强度,地基产生不均匀沉降导致泵站主体产生一定程度的破坏;引滦泵站由于长期运行,泵机发生空蚀;汉川泵站拦污栅堵塞严重,造成栅后水位跌落,加剧了汽蚀破坏的发生。目前的研究工作有:刘克传[90]分析了某泵站水工建筑物存在的问题及险情并提出建反压闸、止水修复等除险加固方法;于秀香[91]就引黄济青输水工程运行中泵站存在的金属结构问题如腐蚀、冻害、螺杆失稳失压做了研究;邓学让[92]根据多个长距离泵站引供水工程的设计和运行过程中出现过的问题及解决方案,总结了适合于泵站引供水工程运行的一般方法和程序,供类似工程参考。根据国内外已建大型泵站工程分析,不同破坏模式下的破坏路径见表 5-6。

表 5-6 泵站主要破坏模式

破坏模式	起始原因	发展过程	导致结果
水工建筑物破坏	空气中 CO_2 侵蚀; 环境水冻融作用; 水流冲刷、空蚀作用的泥沙运动 地基的不均匀沉降; 渗流; 持续降雨	混凝土碳化—钢筋锈蚀; 混凝土表面剥蚀和破坏; 混凝土表面的磨损; 构件开裂、变形和倾斜; 地基破坏; 支洞的涌水,坍塌	水工建筑物破坏—干预无效——泵站破坏
机电设备破坏	设计、制造、材质、检修等各因素综合的结果	气泵漏油、漏气; 电动机电缆绝缘老化; 叶轮头连接螺栓拉伸、松动甚至断裂; 主电机不满足安全运行要求	机电设备破坏—干预无效——泵站破坏

破坏模式	起始原因	发展过程	导致结果
金属结构破坏	缺少保养与维护	闸门锈蚀破坏变形,强度与刚度降低; 启闭机设备磨损严重; 拍门体、清污机等主要构件局部变形; 拦污栅损坏	金属结构破坏—干预无效——泵站破坏

5.6 其他控制建筑物的破坏模式

尽管倒虹吸、渡槽、箱涵、水闸等建筑物在长距离复杂引调水工程中所占比例较小,但当这些建筑物位于干线时,会起到控制性的作用。本课题对控制性建筑物典型灾变模式的分析成果见表 5-7。

表 5-7 控制建筑物典型灾变模式链汇总

渠段类型	典型灾变模式链
倒虹吸	设计条件→过水断面减小→失稳、河道冲刷→失稳
	人类活动→地形变化→过水断面减小→失稳、河道冲刷→失稳
	设计条件、暴雨洪水→水位壅高→外水入渠
	设计条件、暴雨洪水→失稳、河道冲刷、裹头冲刷→失稳
	极端天气→冰塞
	设计条件→河道冲刷→失稳、地基失稳、渗漏破坏
	暴雨洪水、地层岩性→裹头冲刷、河道冲刷→失稳、边坡失稳
	暴雨洪水→裹头冲刷→失稳、渗漏破坏
	暴雨洪水→边坡冲刷、地形改变→淤堵→排水不畅
	暴雨洪水→河道冲刷→失稳、渗漏破坏、不均匀沉降
	不均匀沉降→渗漏破坏、失稳
	暴雨洪水→人类活动→淤堵→排水不畅→水位壅高、漫顶溃决→边坡浸泡→滑坡
	不均匀沉降→渗漏破坏
	不均匀沉降→渗漏破坏→失稳、地基失稳
	不均匀沉降→河道冲刷、渗漏破坏→淤堵、失稳、地基失稳

渠段类型	典型灾变模式链
倒虹吸	地层岩性→河道冲刷→河势改变→裹头冲刷→倒虹吸失稳、渗漏破坏
	高地下水→不均匀沉降、地基失稳→渗漏破坏、倒虹吸失稳
	高地下水位→不均匀沉降、地基失稳、倒虹吸失稳、渗漏破坏→排水不畅
	地形变化→滑坡→倒虹吸失稳
	管理因素、暴雨洪水→河道冲刷→倒虹吸失稳
	管理因素→排水不畅→不均匀沉降→渗漏破坏、倒虹吸失稳
	河道冲刷→不均匀沉降、地基失稳、倒虹吸失稳→淤堵
	极端天气→冰塞
	极端天气→冰塞→槽墩撞击→倒虹吸失稳、渗漏破坏
	进出口破坏→不均匀沉降、地基失稳、边坡失稳、河道冲刷→失稳→渗漏破坏
	人类活动→地形改变、河势改变→河势改变→裹头冲刷、河道冲刷→倒虹吸失稳、地基失稳、渗漏破坏
	人类活动→排水不畅
	极端天气→渗漏破坏
	排水不畅→水位壅高→外水入渠→不均匀沉降、渗漏破坏、边坡失稳
	设计条件→过水断面减小→排水不畅→淤堵
	人类活动→排水破坏→排水不畅→淤堵、渗漏破坏、倒虹吸失稳
	设计条件、洪水暴雨→上游汇水、河道冲刷、过水断面减小→排水不畅→水位壅高→地基失稳、倒虹吸失稳、渗漏破坏、不均匀沉降
	设计条件→边坡失稳→水位壅高、淤堵→坡角冲刷→边坡失稳、倒虹吸失稳
	设计条件→河道冲刷、裹头冲刷→倒虹吸失稳、渗漏破坏、边坡失稳
	设计条件→周边居民安全
	设计条件→河道冲刷→周边居民安全
	淤堵、设计条件→周边居民安全、浸泡边坡、排水不畅

渠段类型	典型灾变模式链
渡槽	设计条件、暴雨洪水→外水入渠
	管理因素人为破坏→淤堵→外水入渠
	渗漏破坏→渡槽失稳
	不均匀沉降→边坡失稳、渡槽失稳、淤堵
	植树密度过大→淤堵→排水不畅→河道冲刷、裹头冲刷→渡槽失稳、渗漏破坏
	排水不畅→不均匀沉降→渗漏破坏、地基失稳
	暴雨洪水、人类活动→排水不畅、水位壅高→边坡冲刷
	人为破坏→淤堵→渡槽失稳、地基失稳、渗漏破坏
	人类活动、暴雨洪水→排水不畅、槽墩撞击、河道冲刷→周边居民安全
	1、设计条件→河道冲刷→周边居民安全;2、人类活动→排水不畅
	暴雨洪水→裹头冲刷、河道冲刷、槽墩撞击→渡槽失稳、渗漏破坏
	人类活动→排水不畅→水位壅高→渗漏破坏、地基失稳
	人类活动→排水不畅→河道冲刷、周边居民安全
	不均匀沉降→地基失稳、边坡失稳
	地基失稳→不均匀沉降、结构裂缝→渡槽失稳、渗漏破坏
	(1) 渗漏破坏→结构裂缝→失稳;(2) 汇水→不均匀沉降→结构裂缝→渡槽失稳、渗漏破坏;(3) 设计条件→排水不畅→边坡浸泡→边坡失稳、地基失稳
	人类活动、设计条件→渡槽失稳、渗漏破坏
	渗漏破坏→结构裂缝→渡槽失稳
	汇水→不均匀沉降→结构裂缝→渡槽失稳、渗漏破坏
	设计条件→排水不畅→边坡浸泡→边坡失稳、地基失稳
	设计条件→河道冲刷→周边居民安全
	人类活动→排水不畅
涵洞	高地下水→渗漏破坏
	人类活动→排水不畅→周边居民安全
	不均匀沉降→结构裂缝→渗漏破坏
	结构裂缝→不均匀沉降、渗漏破坏

渠段类型	典型灾变模式链
暗渠	暴雨洪水→边坡冲刷、河道冲刷、裹头冲刷→渗漏破坏→暗渠失稳、不均匀沉降、地基失稳
	人类活动→河势改变、暴雨洪水→河道冲刷、裹头冲刷→渗漏破坏→暗渠失稳、不均匀沉降、地基失稳
	暴雨洪水→不均匀沉降
	边坡失稳→河道冲刷→暗渠失稳
	管理因素→不均匀沉降→地基失稳
隧洞	渗漏破坏→裂缝→隧洞失稳、不均匀沉降、渗漏破坏
	极端天气→淤堵、槽墩撞击、隧洞失稳
闸	设计条件→排水不畅
	管理因素→排水不畅、周边居民安全
	设计条件→过水断面减小→排水不畅
	设计条件→地形变化→排水不畅
	人类活动、管理因素→排水不畅、周边居民安全
	不均匀沉降→闸失稳、渗漏破坏、地基失稳
	极端天气→冰塞→淤堵→排水不畅
	人类活动、管理因素→排水不畅、周边居民安全
其他建筑物	人类活动→结构耐久性→建筑物失稳
	设计条件、暴雨洪水→外水入渠

5.7 考虑典型建筑物破坏模式的复杂引调水工程安全监测优化

深埋隧洞工程多处于地质条件复杂地区,在高地应力条件下,由于岩石的岩性不同,在开挖过程中表现出复杂多变的破坏模式[97-100],隧洞施工工艺复杂,施工过程中极易造成塌方、突涌水、岩爆等灾害,因此为了降低隧洞破坏风险,在隧洞挖掘过程中应实时监测隧洞围岩的稳定状态、分析破坏模式及破坏机制[101,102],从而选择合理的支护结构及施工措施。同时,施工期和运行期隧洞的变形、渗流、应力变化情况是设计、施工和运行管理部门都十分关心的问题,通过选取监测断面及测点,设置必要的监测设施,获取隧洞的实时观测数据,在此基础上对其进行分析及評价,就可以判断隧洞的运行性态,进而发现异常,采取必要的应急处理措施。

传统隧洞设计主要参考已有实际工程对隧洞破坏模式进行判断,通过查阅收集相关工程资料,对照条件基本相同的已建隧洞的结构,确定设计隧洞结构尺寸,并作为判定岩体强度及稳定性的初步依据,从而进行围岩压力的计算。塑性区的大小及形状有时也作为隧洞破坏的判断依据,塑性区大小主要取决于岩体材料强度,但对于塑性区大小的判断多按经验确定。传统极限分析方法将复杂岩土工程简化,只适用于均质材料,对节理复杂或强度不均的岩石不适用,且这种方法不考虑复杂的本构模型关系,无法得到准确的解析解。有限元法虽然应用范围广泛,但在实际工程中无法直接得知安全系数和极限荷载,也具有一定局限性。

因此,考虑在隧洞工程中应用有限元强度折减法求解围岩稳定安全系数,可以求得极限荷载,且能够在应力分布薄弱区域找出潜在破坏面,针对薄弱面可进行重点安全监测,实用性强。郑颖人、张黎明等人还对强度折减法在公路隧道中的应用展开初步研究,探究不同岩土工程情况下的适用情况[77,78,103,104]。本文通过对深埋隧洞典型破坏模式进行分析,采用有限元强度折减法对岩体强度不断折减直到破坏,模拟出隧洞的潜在破坏面,并对潜在破坏面进行安全监测布置,结合相关规范,应用于工程实际。

5.7.1 有限元强度折减法

在隧洞工程中,外界因素的影响使得围岩强度参数降低从而导致围岩发生失稳破坏。在数值模拟过程中,可以应用强度储备安全系数,又称强度安全系数,按一定比例不断降低岩体材料强度,使有限元模型计算不收敛,即达到破坏状态,强度降低的比例倍数就是强度安全系数,因此这种有限元极限分析法叫作有限元强度折减法。

$$c' = \frac{c}{w} \tag{5-1}$$

$$\varphi' = \arctan\left(\frac{\tan\varphi}{w}\right) \tag{5-2}$$

式中:w 为安全系数;c 为岩体的实际黏聚力;φ 为实际内摩擦角;c' 为折减后的黏聚力;φ' 为折减后的内摩擦角。

当岩体沿滑动面滑动或塌陷时,整个滑动面达到极限平衡状态,岩体不能继续作为一个整体承担,滑移面位移和应变突然变化,岩体沿滑动面快速下滑,此时岩体发生破坏。由于岩体不是凭空存在的,岩体周围具有边界,而边界条件可以有效地限制土体的移动,因此即使当滑移面上的各点达到极限应力状态,但岩体位移受到了边界条件的限制,也不足以发生破坏。塑性区贯通是破坏的必要条件,而非充分条件,当塑性区贯通时破坏仍未发生[105]。隧洞围岩发生破坏时,岩体发生无限移动,破裂面上的位移和应力出现突变,因此把滑动面上的节点位移发生突变,即岩体发生无限移动作为岩体失稳的标志。对于有限元强度折减法来说,有限元计算程序在岩体发生破坏时,静力平衡方程计算无法收敛。基于以上对深埋隧洞破坏模式及机制的分析,本书提出下述方法来研究深埋隧洞围岩安全监测的布置方法:先选取适当的折减系数,不断降低隧洞围岩强度,在此基础上进行数值模拟计算,直到隧洞发生破坏,通过对比不同折减系数下的隧洞围岩塑性区分布,找出安全性相对薄弱的潜在破坏面,将隧洞围岩强度稳定处于极限平衡状态下的折减系数定为安全系数,进而进行隧洞安全监测布置研究。

5.7.2 安全监测布置原则及监测项目

施工期各深埋隧洞的渗流及应力变化情况对以后的安全运行都有着很大影响,通过对监测数据的分析能够验证施工工艺的合理性,及时反馈并优化设计,以满足建筑物施工要求,其监测数据还能够验证科学研究和设计成果的正确性,为水工设计理论和监测技术的发展积累资料。此外,监测还能为输水工程运用管理及调度提供可靠的实测数据,以保障工程的正常、安全和长期稳定运行。

由于隧洞工程施工工艺复杂,因此主要针对隧洞围岩的潜在破坏面进行安全监测布置,同时参考水利水电工程安全监测设计规范(SL 725—2016)。为了便于电缆牵引和供电,监测断面宜尽量靠近隧洞进、出口或施工支洞附近布设,综合监测断面应综合布置围岩变形、衬砌与围岩接缝开度、外水压力、围岩压力、衬砌结构应力应变、支护措施受力情况等各项监测仪器,隧洞开挖过程应进行施工期表面收敛监测。

根据深埋隧洞高地应力的地质情况及围岩条件,初步选定其主要监测项目为:

(1)变形监测:包括施工期收敛变形监测、围岩内部变形监测、隧洞活断层错动监测、衬砌和围岩的接合面开合度监测等。

(2)渗流监测:隧洞外水压力监测等。

(3)应力应变监测:包括衬砌混凝土应力应变监测、钢筋应力监测、围岩压力监测、支护措施受力监测等应力应变监测。

(4)人工巡视检查。

5.7.3 深埋隧洞安全监测系统实例布置

5.7.3.1 工程概况及计算参数

滇中引水工程是我国西南地区迄今为止规模最大、投资最多的水资源配置工程,隧洞沿线可溶岩地层分布广泛,岩溶较发育,且隧洞穿越多条大断裂层,施工存在突水突泥、软岩变形、高地应力下岩爆、高外水压力及穿越活动断裂等问题。本书选取的深埋隧洞作为滇中引水工程输水总干渠深埋长隧洞的最典型代表,全线深埋,控制着整体的工期,是滇中引水工程中涉及地质问题最多的关键性工程。鹤庆—洱源断裂段主要发育 F12 断裂带,该段隧洞埋深一般为 1 200~1 400 m,最大埋深约 1 450 m,隧洞穿越围岩主要为青天堡组和黑泥哨组砂岩、粉砂岩、泥岩以及页岩,局部夹煤层、灰岩,岩质较软,岩体完整性总体较好,泥岩、煤层完整性差,围岩等级以Ⅳ、Ⅴ类为主,成洞条件总体较差,局部洞段围岩为Ⅲ2类,成洞条件较好,后段玄武岩洞段岩质坚硬,完整性较好,围岩为Ⅲ1类,成洞条件较好。该段末端穿越鹤庆—洱源断裂(F12),为全新世性活动断裂,围岩等级为Ⅴ类,成洞条件差,存在洞室剪切破坏问题。

结合滇中引水工程某深埋隧洞断裂带段附近的典型断面进行数值模拟计算,隧洞玄武岩围岩等级为Ⅲ类,断裂带围岩等级为Ⅴ类,隧洞断面为圆形,直径 8.4 m,设计埋深为 1 200 m,先计算出未经过强度折减的初始结果,包括断裂带隧洞围岩和玄武岩隧洞围岩两种断面,再对岩体材料进行强度折减,不断降低黏聚力 c 以及内摩擦角 φ,直到隧洞达到临界破坏状态,即有限元计算不收敛,此时降低的倍数即为安全系数,根据塑性区分布选择潜在破坏面,潜在破坏面是隧洞围岩的安全薄弱部分,安全监测布置应考虑隧洞的安全薄弱面这一因素,进行针对性的监测设施布置设计,不同类型围岩的物理力学参数见表 5-8。

表 5-8 不同类型围岩的物理力学参数

围岩等级	密度 (kg·m^{-3})	体积模量 (GPa)	剪切模量 (GPa)	黏聚力 (MPa)	内摩擦角 (°)
Ⅲ	2 800	10	6	1.2	45
Ⅴ	2 400	1.67	0.36	0.1	30

数值计算采用有限差分算法程序——FLAC(Fast Lagrange Analysis of Continue)软件对不同类型围岩断面进行建模计算,水平向及竖向均为 100 m,纵向取单位长度,选用 Mohr-Coulomb 屈服准则。

5.7.3.2　深埋隧洞典型破坏模式

前文已对隧洞工程的典型模型进行了梳理,本节对深埋岩质隧洞破坏模式进行进一步研究。不考虑围岩的张拉破坏,破坏形式即为由剪切带逐渐发展成破坏面,在进行数值模拟分析的结果中可以直观地看出塑性区的分布。需要注意的是,数值模拟得到的塑性区分布图中,剪切破坏单元区域是在加载历史中应力曲线达到了 Mohr-Coulomb 包络线以及过了屈服点之后的区域,剪切破坏单元区域的形成是剪切力和张拉力共同作用产生的结果。此外,剪切-张拉受力单元区域受到剪切与张拉的同时作用,但还未产生破坏,形成塑性区,若折减系数进一步加大,该区域会逐渐发展成破坏面。

隧洞破坏是一个逐渐发展的过程,通过数值模拟结果可以看出,当折减系数为0.5时,还未产生塑性区,如图 5-1 所示,这是由于土体经过小于 1.0 的折减系数折减后强度提高,更不容易产生破坏;当折减系数为 1.0 时,隧洞周边产生塑性区,如图 5-2 所示,与实际隧洞开始破坏的过程相符合,且圆形隧洞塑性区分布较为对称;随着折减系数的增大,塑性区不断向外扩大,圆形隧洞上部塑性区斜向下发展,下部塑性区斜向上发展。当折减系数增大至 1.25 时,圆形隧洞上下区域的塑性区在围岩内部相互贯通,如图 5-3 所示,但此时有限元数值计算收敛,且潜在破裂面位移未发生突变,隧洞并未发生破坏,这也证明了塑性区贯通是破坏的必要不充分条件,发生塑性区贯通不一定发生了破坏。当折减系数达到 1.41,塑性区充分发展,破裂面处位移发生突变,如图 5-4 所示,此时隧洞发生破坏,隧洞周围的塑性区即为隧洞的安全薄弱区域,安全监测针对潜在破坏面进行相应布置。

5.7.3.3　安全监测设施布置

基于上述潜在破坏面的分析结果,对该深埋隧洞玄武岩围岩Ⅲ和断层围岩Ⅴ进行安全监测设施布置,监测项目的设施布置图如图 5-5 所示,其中围岩内部变形监测、衬砌和围岩的接合面开合度监测是参考规范确定的。玄武岩围岩Ⅲ隧洞监测设施布置如图 5-6 所示,断层围岩Ⅴ隧洞的监测设施布置如图 5-7 所示。

1. 围岩表面收敛监测

初测收敛断面尽量靠近开挖掌子面,监测断面一般间距为:Ⅲ类围岩不大于200 m;Ⅳ类围岩不大于 100 m;Ⅴ类围岩不大于 50 m;断层破碎带为 10~30 m。在每个收敛监测断面布设 5 个收敛测点,采用粘贴反射片配合全站仪进行观测。

2. 渗流监测

隧洞防渗结构的设计理念是通过灌浆加固周边围岩使其成为承载和防渗阻水的主要结构。为了解围岩灌浆后防渗阻水的效果,监测围岩内渗透压力分布情况,拟在监测断面围岩顶部,左、右侧腰部及底部各钻孔埋设 1 支渗压计。

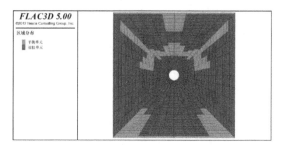

图 5-1 1 200 m 埋深下塑性区分布图(折减系数 0.5)

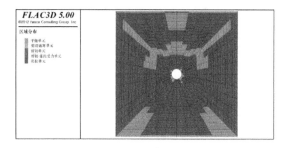

图 5-2 1 200 m 埋深下塑性区分布图(折减系数 1.0)

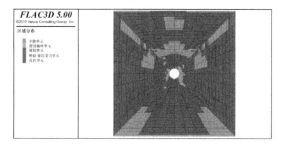

图 5-3 1 200 m 埋深下塑性区分布图(折减系数 1.25)

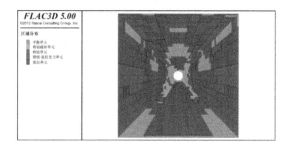

图 5-4 1 200 m 埋深下塑性区分布图(折减系数 1.41)

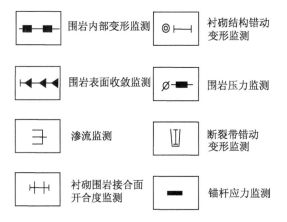

图 5-5　监测设施布置图例

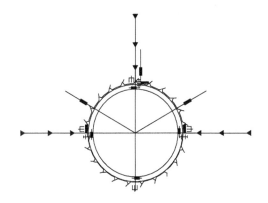

图 5-6　玄武岩围岩Ⅲ安全监测布置

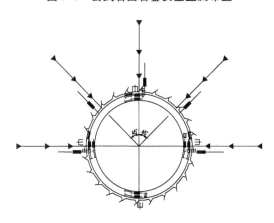

图 5-7　断层围岩Ⅴ安全监测布置

3. 应力应变监测

在Ⅲ类围岩段监测断面各布设 4 支钢筋计以及选择 3 根锚杆,每根锚杆布设 1 支锚杆应力计,在Ⅴ类(含断裂带)围岩段监测断面每间隔 1 个监测断面各布设 8 支应变计。

4. 活动断裂带地表位移和错动监测

本课题研究的深埋隧洞经过活动断裂层,这些活动断裂层具有位移速率大、活动水平高、对工程影响大等特点。为监测这些活动断裂对该隧洞运行安全的长期影响,需要对这些断裂的位移情况进行专门监测。拟从两方面开展该项监测:在隧洞内的断裂带与两侧稳定岩层的接合面附近各钻孔埋设 1 套大量程多点位移计,共计布设大量程光纤光栅多点位移计 2 套;在断裂带与稳定岩层结合面附近的衬砌结构分缝面上埋设大量程位错计,以监测活动断裂变形引起的衬砌结构错动情况,分别于隧洞衬砌结构缝内各埋设 2 套位错计,共计布设光纤光栅位错计 8 支。

5. 围岩内部变形监测

在深埋隧洞每个Ⅲ类围岩段监测断面处各布设 3 套多点位移计,在香炉山隧洞每个Ⅴ类(含断裂带)围岩段监测断面处各布设 5 套多点位移计,监测围岩内部变形。

6. 衬砌和围岩的结合面开合度监测

在每个监测断面布设 3 支测缝计,监测隧洞和围岩的接合面开合度。

5.8 本章小结

(1) 复杂引调水工程主要建筑物的典型破坏模式包括:水库大坝:漫顶、裂缝、渗漏、滑坡等。输水渠道:渗漏、裂缝、滑坡、冲刷、淤积、山洪灾害等。隧洞:涌水、涌沙、岩爆、塌方、空穴、高地温等。泵站:建筑物的破坏、机电设备的破坏和金属结构的破坏。控制性建筑物:倒虹吸的管身裂缝、管基不均匀沉陷、冻害和淤积等。渡槽:漏水、槽身裂缝、角缝、伸缩缝、装配缝开裂、冻害等。箱涵:混凝土破坏。

(2) 采用有限元强度折减法进行深埋隧洞典型破坏模式分析,不断增大折减系数直到隧洞破坏,通过数值模拟得到塑性区分布的变化,找出隧洞围岩的潜在破坏面,进行针对性安全监测布置优化。结合滇中引水工程实际,结合隧洞典型破坏模式及数值模拟分析得到的潜在破坏面,对深埋隧洞工程玄武岩围岩和断层围岩分别进行监测设施布置,得到监测断面布置图,为深埋隧洞工程安全监测系统优化设计提供参考依据。

6 输水隧洞安全监控指标及拟定方法

6.1 概述

为了监控输水隧洞的安全运行,需根据实时监测资料,应用评判准则,对隧洞的安全性态进行判断,其中监控指标作为最主要的安全评判准则,是评价和监控输水隧洞安全的关键指标,是建立隧洞预测预警系统的基础。它不仅可以快速地判断隧洞的安全状况,而且使管理者监控输水隧洞的安全运行有据可依。制定科学合理的监控指标是输水隧洞安全监控的核心和关键。

6.2 监控指标体系

6.2.1 指标选择的思路

影响隧洞安全运行的因素可以根据施工期、运行期进行分类,通过隧洞运行中可能出现的不稳定因素分析其影响因子,对不同部位,不同荷载量、效应量进行分析,综合各种监测方法,选定合适的监控指标,建立隧洞安全运行监控指标体系。

隧洞安全监控指标体系确定的原则:

(1) 全面系统性原则。隧洞是一个复杂的系统,要考虑到隧洞从施工到运行的整个生命周期,考虑影响隧洞安全运行的各种因素,进行全面分析,提出系统的指标体系。

(2) 科学性。利用科学的方法对各个指标进行分析,将定性和定量分析相结合,提出安全监控指标,对隧洞各个阶段的运行状况做出科学合理的评价。

(3) 独立性原则。指标体系中每个层次指标之间,包括上下级层次指标之间必须要有相对的独立性,才能对指标有准确的判断和评价。

(4) 可操作性原则。监控指标体系中的各级指标要具有实用性和可操作性,才可以快速准确地与相应的指标值比较分析,做出正确评价。

安全监控指标从内容上分可为警源指标、警情指标和警兆指标。警情从警源产生,又产生警兆。预警系统以警源指标为依据,分析警兆的报警区间,参照警情指标的警限和警度划分,预报警情的严重程度,再对照警源指标,采取排警措施。因此警兆指标的确定是预警系统的关键。

（1）警情指标

警情指标是研究对象的描述指标,是系统运行过程出现的危险或者不稳定因素。对于隧洞工程,出现的警情有:开挖期围岩松动破坏、地下水渗漏、围岩的岩爆、静态脆性破坏和塌方;运行期围岩的裂隙,衬砌变形、裂缝渗水等。

（2）警源指标

警源是指警情产生的根源,用来描述和分析警源的指标就称作警源指标。从警源的生成机制看,警源可以分为自然警源、外生警源和内生警源。从警源的可控程度看,警源可分为:强可控制警源,比如施工管理上的问题和漏洞;弱可控制警源,比如围岩的结构、隧洞的结构尺寸、支护的类型等;不可控制警源,比如洪水、地震等。

（3）警兆指标

警兆是指警素发生异常变化导致警情爆发之前出现的先兆,用来描述分析警兆的统计指标就称作警兆指标。一般不同的警情对应着不同的警兆,但有时相同的警情在特定的时空条件下也可能表现出不同的警兆。制定警兆指标后,只要将实际监测值或者预报值与警兆指标进行比较,若监测值、预报值小于警兆指标,隧洞是安全的;若监测值、预报值大于警兆指标,则隧洞可能出现险情,需要报警。警兆指标的确定是指标体系确立的关键。

6.2.2 影响因素分析

如前文所述,影响隧洞安全的因素较多,综合隧洞施工及运行的全生命周期的各种影响因素,筛选主要的影响因子,从而选取监控指标,建立指标体系。

施工期影响隧洞安全及稳定的因素主要分几个方面。

地质因素:包括围岩的类别、风化程度,地应力的大小,是否存在断裂带及其分布情况,地下水位的分布情况等。

技术因素:施工方法（TBM法、钻爆法、新奥法等）,施工设备（完整性、先进性,维护保养情况）,施工工艺流程等。

人为因素:施工技术人员素质,安全生产管理,应急处置,现场调度等。

环境因素:自然条件,噪声,照明情况,交通设施,工作面情况,通风等。

运行期影响隧洞安全及稳定的因素主要分为:围岩的应力变化、内部变形,衬砌结构的应力变化、变形,围岩与衬砌的接触面情况,内外水压力,内水的流速,水环境以及运行管理的状况等。隧洞安全影响因子综合分析如图 6-1 所示。

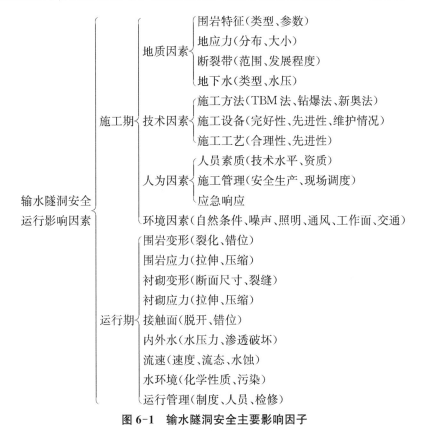

图 6-1　输水隧洞安全主要影响因子

6.2.3　指标体系的建立

输水隧洞安全监控是一项系统的工作,首先要分析挖掘影响隧洞安全及稳定的影响因素,研究隧洞结构及破坏机理,选取合适的监控指标,在施工运行过程中全程监测监控隧洞系统的运行状态,及时发现险情,进行预警,并分析其原因。因此输水隧洞安全监控从空间上由点到面覆盖了整个隧洞,从时间上包括从施工开始到隧洞长期运行的全生命周期,实施监控时可以通过单个影响因子、多因子、综合因素来分析,从警源发掘出发,抓住警兆指标进行监控,从而控制警情指标的发生,实时评价隧洞系统的运行状态,即警度。

输水隧洞安全监控系统从结构层次上可以分为层次维、空间维、时间维和指标维,见图 6-2。

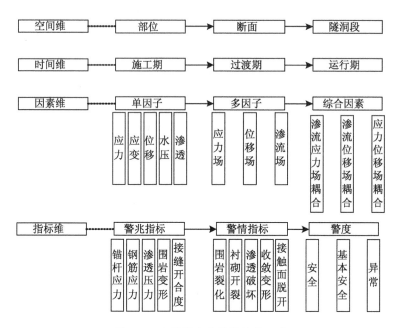

图 6-2　水隧洞安全监控结构层次

安全监控指标体系见图 6-3,分为三个层次:

第一层次:分为施工期和运行期两个一级指标。

第二层次:施工期监控指标分为五个二级指标(地质构造、收敛变形、岩体破坏、地下水、其他),运行期监控指标分为五个二级指标(围岩、衬砌、接触面、内外水、其他)。

第三层次:施工期监控指标中,地质构造又分为围岩类别(根据围岩的种类、等级以及主要参数评价围岩的好坏)、断裂带情况、地应力的大小及分布状态等指标;收敛变形指标包括顶拱沉降、水平收敛等;岩体破坏指标包括裂缝、岩爆等方面的指标;地下水指标包括渗透压力、渗漏量等;其他监控指标包括施工方法、人为因素、环境因素等。运行期监控指标中,围岩指标主要有锚杆应力(监控围岩的应力)、多点位移(监控围岩内部变形);衬砌指标主要有钢筋应力、混凝土应力;接触面监控指标包括开合度和接触压力;内外水指标包括孔隙水压力、水压差等;此外还有流速、水环境、运行管理等方面的指标。指标体系中有些指标可以直接定量分析,有些指标只能定性分析,通过对隧洞安全的影响程度综合评价后量化分析。

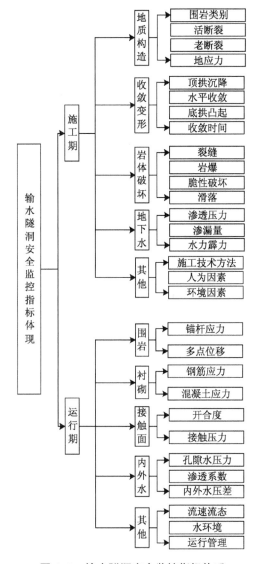

图 6-3 输水隧洞安全监控指标体系

6.3 指标拟定方法

6.3.1 统计学分析方法拟定监控指标

输水隧洞正常运行后,各种监测量和效应量变化趋于稳定,经过长期监测,掌握发展的规律,可通过统计学分析方法拟定监控指标。统计学分析方法需要根据长期的监测数据,通过建立监控模型拟定指标,常用的监控模型和方法包括统计模型、确定性模型、综合模型、灰色模型、模糊聚类模型等。

6.3.1.1 监控模型

1. 统计模型

影响隧洞各监测物理量变化的因素复杂多样,如围岩变形除受内外水压力影响外,还受温度、施工、围岩等级及时效等因素影响,外水压力受地下水压力、岩体节理裂隙的闭合、围岩应力场以及时效等因素影响。在隧洞变形和应力的众多影响因素中,地下水位、温度和时效是主要影响因素,其他的影响因素可以通过时效因子来反映。

(1) 水压因子

如果隧洞受到对称的均匀外水压力 P 的作用,则径向位移 $\delta_{\theta r}$ 和 P 的关系为:

$$\delta_{\theta r} = \frac{r(1+\mu)}{E} \left[\frac{(1-2\mu) + (\frac{r_1^2}{r})}{t^2 - 1} \right] P \tag{6-1}$$

式中:r_1、r 为隧洞的内外半径;E、μ 为弹性模量和泊松比。

其变形量和 P 成正比,则隧洞的外水压力因子可以表示为:

$$\delta_P = a_1 P \tag{6-2}$$

式中:P 为观测日当天的外水压力;a_1 为回归系数。

(2) 温度因子

位移温度分量是由于隧洞衬砌混凝土和围岩温度变化引起的位移。

在隧洞衬砌混凝土和围岩均设有足够数量的内部温度计,其测值可以反映温度场的变化情况,可以用实测温度作为因子:

$$\delta_T = \sum_{i=1}^{n} b_i T_i \tag{6-3}$$

式中:T_i 为第 i 个温度计的测值;b_i 为回归系数;n 为温度计的个数。

(3) 时效因子

隧洞变形产生时效分量的原因复杂,它综合反映隧洞混凝土和围岩的徐变、塑性变形以及围岩地质构造的压缩,同时还包括隧洞混凝土裂缝引起的不可逆位移以及自生体积变形。隧洞开挖后应及时支护,在考虑支护与围岩的联合作用时,围岩可当作黏弹性体,其本构关系为:

$$\begin{cases} P\sigma_{ij}' = Q\varepsilon_{ij}' \\ P'\sigma_m = Q'\varepsilon_m \end{cases} \tag{6-4}$$

式中：P、Q、P'、Q' 为与时间有关的线性算子；σ_{ij}'、ε_{ij}' 为偏应力与应变张量；σ_m、ε_m 为平均应力与应变。

隧洞开挖后间隔 t_0 时间支护，时段内任一时刻 t 的围岩径向位移为：

$$u_r' = \frac{P_0 R_0}{2G_0}\Big[1 - \exp\Big(-\frac{G}{\eta}t\Big)\Big]\frac{R_0}{r} \tag{6-5}$$

在隧洞径向 $r = R_0$ 处，$t = t_0$ 时隧洞的径向位移为：

$$u_{R_0}' = \frac{P_0 R_0}{2G_0}\Big[1 - \exp\Big(-\frac{G}{\eta}t_0\Big)\Big] \tag{6-6}$$

在 t_0 后，任一时刻 t，洞壁处的径向位移为：

$$u_{R_0} = \frac{P_0 R_0 - 2G u_{R_0}'}{2G_0 + R_0\beta}\Big[1 - \exp\Big(-\frac{2G + R_0\beta}{2\eta}t\Big)\Big] \tag{6-7}$$

其中：

$$\beta = \frac{2G_c(R_0^2 - R_1^2)}{R_0(R_0^2 + R_1^2 - 2\mu_c R_0^2)} \tag{6-8}$$

式中：R_0、R_1 为隧洞开挖与支护后的半径；G_0、G 分别为隧洞的瞬时和长期剪切模量；P_0、η 分别为地应力和围岩的黏性系数；G_c、μ_c 为支护的切变模量和泊松比。

当隧洞开挖后立即支护，式(6-6)和式(6-7)变为：

$$u_{R_0}' = 0 \tag{6-9}$$

$$u_{R_0} = \frac{P_0 R_0}{2G_0 + R_0\beta}\Big[1 - \exp\Big(-\frac{2G + R_0\beta}{2\eta}\Big)\Big] \tag{6-10}$$

上式简写为：

$$u_t = u_{max}(1 - e^{-\beta t}) \tag{6-11}$$

为方便应用，可用下式代替：

$$u_t = t/(A + Bt) \tag{6-12}$$

此外，考虑到多种因素的复杂作用，一般正常运行的输水隧洞，时效位移变化的规律为初期变化较快，后期渐趋稳定。时效位移的数学模型可选择指数函数、双曲函数、多项式、对数函数、指数函数(或对数函数)附加周期项、线性函数。

① 指数函数： $$\delta_\theta = C[1 - \exp(-c_1\theta)] \qquad (6-13)$$

式中： C 为时效位移的最终稳定值； c_1 为参数。

② 双曲函数： $$\delta_\theta = \frac{\xi_1\theta}{\xi_2 + \theta} \qquad (6-14)$$

式中： ξ_1、ξ_2 为参数。

③ 多项式： $$\delta_\theta = \sum_{i=1}^{m_3} c_i\theta^i \qquad (6-15)$$

式中： c_i 为系数。

④ 对数函数： $$\delta_\theta = c\ln\theta \qquad (6-16)$$

式中： c 为系数。

⑤ 线性函数： $$\delta_\theta = \sum_{i=1}^{m_3} c_i\theta_i \qquad (6-17)$$

式中： c_i 为系数； m_3 为参数。

时效因子的一般规律是在运行初期变化较快,然后,随着时间的延伸而逐渐趋向平稳。所以时效因子通常选为 θ 和 $\ln\theta$ (θ 为观测日减去基准日的天数除以100),因此变形的时效分量可表达为：

$$\delta_\theta = c_1\theta + c_2\ln\theta \qquad (6-18)$$

综上,隧洞混凝土的变形主要受外水压力、温度、时效因素的影响,隧洞变形的统计模型可以表示为：

$$\delta = \delta_H + \delta_T + \delta_\theta \qquad (6-19)$$

2. 确定性模型

结合隧洞和围岩的实际工作性态,用有限元方法计算荷载(如外水压力 H,变温 T 等)作用下的隧洞和围岩的效应场(如位移场、应力场等),然后与实测值进行优化拟合,以求得调整参数(由于通过试验获得的围岩物理力学参数与实际情况存在误差),从而建立确定性模型。确定性模型对隧洞的工作性态能够从力学概念上加以本质解释。以下以隧洞衬砌混凝土变形为例具体说明。

(1) 外水压力分量 $f_P(t)$ 的计算

用有限元计算不同外水压力作用下隧洞混凝土任一点的位移,然后拟合 $\delta_P = a_1 P$ 求得 a_1,外水压力分量拟合公式为：

$$f_P(t) = Xa_1 P \qquad (6\text{-}20)$$

（2）温度分量 $f_T(t)$ 的计算

$f_T(t)$ 是由于隧洞衬砌混凝土的变温所引起的位移，这部分位移一般在总位移中占有相当大的比重。在计算温度分量时，首先要知道变温场，即观测位移时的瞬时温度场减去初始位移时的初始温度场，在求得各温度计的变温值后，可以用有限元计算隧洞任意观测点的温度位移，但是用这种方法计算工作量很大。因此常引入单位温度和载常数。因为计算载常数 b_i 或 b_{1i}、b_{2i} 时，假设混凝土材料的热力学参数为 α_{c0}，所以引入调整系数 J。则温度分量的表达式为：

$$f_T(t) = J \sum_{i=1}^{m_2} T_i(t) b_i(x, y, z) \qquad (6\text{-}21)$$

$$或 f_T(t) = J \sum_{i=1}^{m_2} \left[\overline{T}_i(t) b_{1i}(x, y, z) + \beta_i(t) b_{2i}(x, y, z) \right] \qquad (6\text{-}22)$$

（3）时效分量 $f_\theta(t)$ 的计算

有两种处理方法：① 统计模式，前面统计模型中已经讨论。② 用非线性有限元计算。影响时效位移的因素较多，它不但与混凝土的徐变和围岩的流变有关，而且还受围岩的地质构造和混凝土裂缝的影响。因此，目前一般采用统计模式。

综上所述，隧洞变形的确定性模型为：

$$\delta = f_P(t) + f_T(t) + f_\theta(t) \qquad (6\text{-}23)$$

3. 混合模型

对于一些缺少足够的温度资料的隧洞，在建立模型时，温度因子同统计模型的温度因子，外水压力因子与确定性模型相同，用有限元计算求得，时效因子与统计模型相同。这样建立的模型即为混合模型。

（1）隧洞混凝土变形的计算

设围岩弹性模量 $E_r \to \infty$。用有限元计算不同外水压力 P_i 对应的 δ_{1P_i}，拟合得到：

$$\delta_{1P} = a_1 P \qquad (6\text{-}24)$$

求得 a_1，并得到：

$$f_{1P}(t) = X\delta_{1P} = Xa_1 P \qquad (6\text{-}25)$$

（2）围岩变形引起的隧洞混凝土变形的计算

设 $R_0 (= E_{r0}/E_{c0})$，用有限元计算 $P_i \to \delta'_{2P_i}$，由多项式拟合：

$$\delta'_{2p} = a_2 P \tag{6-26}$$

求得 a_2。设隧洞混凝土变形近似等于 δ_{1H}，因此，式(6-26)减去式(6-24)得到基础变形所产生的隧洞变形，即：

$$\delta_{2P} = (a_2 - a_1)P \tag{6-27}$$

$f_{2P}(t)$ 应等于 δ_{2P} 与调整参数 Y 的乘积，即：

$$f_{2P}(t) = Y(a_2 - a_1)P \tag{6-28}$$

因此，外水压力分量的表达式为：

$$f_P(t) = Xa_1P + Y(a_2 - a_1)P \tag{6-29}$$

温度分量和时效分量用统计模式，因此混合模型的表达式为：

$$\delta = X\delta_{1P} + Y\delta_{2P} + \delta_T + \delta_\theta \tag{6-30}$$

施工和初期运行阶段，采用确定性模型或混合模型为宜；有较长时间的观测资料时，一般常用统计模型。

4. 灰色模型

在隧洞混凝土变形中存在两部分位移：弹性变形和随时间及荷载而变的非线性变形（俗称时效变形）。其中，弹性位移主要受外水压力、温度等的影响，利用有限元等计算方法较易获得。但是，影响混凝土时效变形的因素极为复杂，不仅包括混凝土、围岩的徐变及裂隙、节理等已知因素，还包括混凝土老化和施工质量等许多未知因素。因此，隧洞混凝土的变形是灰色的，隧洞是一个极其复杂的灰色系统。相应地，这种系统的逆过程称之为灰色的逆过程。通过这种逆过程所获得的模型称为灰色模型。下面对灰色模型的类型和建立步骤分别给予阐述。

（1）灰色模型的类型

一个 n 阶、k 个变量的 GM 模型，记为 GM(n, h) 模型，不同的 n 与 h 的 GM 模型有不同的意义和用途，要求有不同的数据序列。灰色系统中常用的模型有下列三类：

① 预测模型

它一般是 GM$(n, 1)$ 模型，这里的 1 指一个变量。n 一般小于 3，n 越大，计算越复杂，而且精度并不高；当 $n=1$ 时，计算简单。GM$(1, 1)$ 的表达式是：

$$\frac{dx^{(1)}}{dt} + ax^{(1)} = \mu \tag{6-31}$$

其缺点是不能反映动态过程，但通过建立多次残差 GM$(1, 1)$ 模型，对模型进行补充,就能反映动态情况。GM(1,1)模型是灰色预测的基础。

② 状态模型

它不是一个孤立的 GM(1,1)模型,而是基于一系列相互关联的 GM(1,h)模型,即控制论中的状态模型,表示一种输入与输出关系,不是单个数列的变化,因此可作为系统综合研究或预测。利用它不但可以了解整个系统的变化,还可以了解系统中各个环节的发展变化。

GM(1,h)模型是反映其他 $h-1$ 个变量对某一变量的一阶导数的影响,但需要有 h 个时间序列数据,其形式是:

$$\frac{\mathrm{d}x_1^{(1)}}{\mathrm{d}t} + ax^{(1)} = b_1 x_2^{(1)} + b_2 x_3^{(1)} + \cdots + b_{h-1} x_h^{(1)} \tag{6-32}$$

GM(1,h)模型虽然能反映变量 x_1 的变化规律,但是每一个时刻的 x_1 值都取决于其他变量在该时刻的值,如果其他变量 x_i ($i=2,3,\cdots,n$)的预测值没有求出,那么 x_1 的预测值也不能求得。所以在一般情况下,GM(1,h)模型只适合于做预测用。GM(1,1)模型是预测本身数据的模型,适合预测用。GM(1,1)模型是 GM(1,h)模型(即 $h=1$ 时)的特例。

③ 静态模型

一般是指 GM(0,h)模型,这里的 $n=0$,表示不考虑变量的导数,只需了解各因素间的静态关系,所以是静态模型。其形式是:

$$x_1^{(0)}(t) = \sum_{i=1}^{h-1} b_i x_{i+1}(t) + b_0 \tag{6-33}$$

(2) 灰色模型的建立

灰色关联度是表征两个事物关联程度的量度,常用面积关联度、相对速率关联度和斜率关联度等计算。其中,斜率关联度因具有可处理数据中的负数和零,以及关联度的分辨率较高等优点而经常被采用。灰关联模型建模的基本原理是按照被影响因素与影响因素之间的关联度,逐步选取显著变量来建立灰色模型,通过拟合效果的检验即可建立较优 GM(1,N)模型。建立该模型的一般方法如下,考虑有等 n 个变量,有 m 个数列,即:

$$x_i^{(0)} = (x_i^{(0)}(1), x_i^{(0)}(2), \cdots, x_i^{(0)}(n)), \ i = 1,2,\cdots,n \tag{6-34}$$

对原始数列 $x_i^{(0)}$ 作一次累加(记为 1-AGO)得生成序列:

$$x_i^{(1)}(k) = \sum_{t=1}^{k} x_i^{(0)}(t), \ i = 1,2,\cdots,n \tag{6-35}$$

可建立 GM$(1,N)$ 模型：

$$x_1^{(0)}(k) + az_1^{(1)}(k) = b_2 x_2^{(1)}(k) + b_3 x_3^{(1)}(k) + \cdots + b_n x_n^{(1)}(k) \qquad (5-36)$$

式中：$z_1^{(1)}(k) = \left[x_1^{(1)}(k) + x_1^{(1)}(k-1) \right]/2$。

计算关联度：设 $Y(t)$ 为效应量，$X_i(t)$ 为因变量，则称

$$\xi_i(t) = \frac{1 + \left| \dfrac{1}{\overline{x}} \cdot \dfrac{\Delta x_i(t)}{\Delta t} \right|}{1 + \left| \dfrac{1}{\overline{x}} \cdot \dfrac{\Delta x_i(t)}{\Delta t} \right| + \left| \dfrac{1}{\overline{x}} \cdot \dfrac{\Delta x_i(t)}{\Delta t} - \dfrac{1}{\overline{y_i}} \cdot \dfrac{\Delta y_i(t)}{\Delta t} \right|} \qquad (6-37)$$

为 $Y(t)$ 与 $X_i(t)$ 在 t 时刻的灰色斜率关联系数。

其中：$\overline{x} = \dfrac{1}{m}\sum_{i=1}^{m} x_i(t)$、$\overline{y_i} = \dfrac{1}{m}\sum_{i=1}^{m} y_i(t)$ 分别为 $X_i(t)$、$Y(t)$ 的均值；$\dfrac{\Delta x_i(t)}{\Delta t}$、$\dfrac{\Delta y_i(t)}{\Delta t}$ 分别为 $X_i(t)$、$Y(t)$ 在 t 到 Δt 的斜率。

在此基础上，求解关联度并排关联序：

$$r_i = \frac{1}{m-1}\sum_{t=1}^{m-1} \xi_i(t) , \ i = 1, 2, \cdots, n ; \ t = 1, 2, \cdots, m-1 \qquad (6-38)$$

按照计算的关联度的大小，即可排列因素间关联度的顺序，进而实现对显著变量的选择。

求参数向量 $\widehat{\boldsymbol{\alpha}}$：

记上述方程的参数列为 $\widehat{\boldsymbol{\alpha}}$，即 $\widehat{\boldsymbol{\alpha}} = [a, b_1, b_2, \cdots, b_{n-1}]^{\mathrm{T}}$。按照最小二乘法可求解 $\widehat{\boldsymbol{\alpha}}$，根据 $\boldsymbol{y}_n = \boldsymbol{B}\widehat{\boldsymbol{\alpha}}$，得到：

$$\widehat{\boldsymbol{\alpha}} = (\boldsymbol{B}^{\mathrm{T}}\boldsymbol{B})^{-1} \boldsymbol{B}^{\mathrm{T}} \boldsymbol{y}_n \qquad (6-39)$$

式中：a 为 GM$(1,N)$ 的发展系数；b_i 为 x_i 的协调系数（$i = 1, 2 \cdots, n$）。

$$\boldsymbol{B} = \begin{bmatrix} -\left[x_1^{(1)}(1) + x_1^{(1)}(2) \right]/2 & x_2^{(1)}(2) & x_3^{(1)}(2) & \cdots & x_n^{(1)}(2) \\ -\left[x_1^{(1)}(2) + x_1^{(1)}(3) \right]/2 & x_2^{(1)}(3) & x_3^{(1)}(3) & \cdots & x_n^{(1)}(3) \\ \cdots & & \cdots & \cdots & \cdots \\ -\left[x_1^{(1)}(n-1) + x_1^{(1)}(n) \right]/2 & x_2^{(1)}(n) & x_3^{(1)}(n) & \cdots & x_n^{(1)}(n) \end{bmatrix}$$

$$\boldsymbol{y}_n = \left[x_1^{(0)}(2), x_1^{(0)}(3), \cdots x_1^{(0)}(n) \right]^{\mathrm{T}}$$

建立 GM$(1,N)$ 模型：

$$x_1^{(0)}(k) + az_1^{(1)}(k) = b_2 x_2^{(2)}(k) + b_3 x_3^{(1)}(k) + \cdots + b_n x_n^{(1)}(k) \qquad (6-40)$$

拟合度分析：

首先计算实测值与计算值之间的绝对误差 $e(k) = y(k) - \hat{y}(k)$，然后计算几个具有最大绝对值的绝对误差之和的绝对误差的极差，即：

$$error = \left[\frac{1}{m} \sum_{i=1}^{m} (y(k) - \hat{y}(k))^2 \right]^{\frac{1}{2}} \tag{6-41}$$

式中：m 为利用关联度选择的因子个数。

5. 模糊聚类分析模型

模糊数学是用数学方法研究和处理具有"模糊性"现象的一种数学理论和方法。它是由美国著名控制论专家查德(L. A. Zadeh)教授于 1965 年创立的，几十年来，发展十分迅速，其应用涉及范围极为广泛。尽管原型观测资料真实地反映了各观测物理量的实际情况，但是它们之间的关系是复杂的，往往很难用物理力学和先进的数值计算方法来计算，即它们之间的关系是一种模糊关系。因此可以用聚类分析法对观测数据进行分析。

聚类分析是数学统计中研究"物以类聚"的一种多元分析方法，即用数学方法定量地确定样本之间的亲疏关系，从而客观地分型划类。在观测资料分析中，模糊聚类分析大致可以分为两种：① 定量地对同一观测项目的若干测点的测值系列分型划类，从中选出代表性测点来分析，以避免分析中的盲目性和减小计算工作量。② 对观测值进行相似性检查以发现异常测点，再进一步作误差分析处理。

模糊聚类分析法大致可归为两种，一种是在模糊相似关系的基础上进行分类；另一种是在模糊等价关系的基础上进行分类。

（1）逐步聚类分析法

逐步聚类法的步骤如下：

第一步，选定一批"聚类中心"，所谓聚类中心就是某一类样本的核心，它可能并不是任何一个样本，但它的指标反映了该类样本的特征，因此可以看成是某一类的标准假想样本。

第二步，将样本向最近的聚类中心聚类，从而将样本分类。

第三步，根据分类的结果找出各类新的聚类中心，它的各项指标即为该类中所有样本的相应指标的平均值，然后计算这前后两组聚类中心的差异，如差异大于某个阈值，即认为分类不合理。

第四步，修改分类，即以新的聚类中心代替旧的，反复进行分类。判断合理性和修改聚类中心，直至前一次的聚类中心与后一次的聚类中心的差异小于某一阈值，即认为分类合理，从而分类过程结束。最后一次得到的分类就是所求的分类。

整个过程可以由图 6-4 表示。

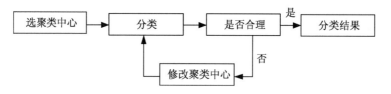

图 6-4　逐步聚类分析框图

逐步聚类法的一种常见形式是软分划,或称模糊分划。它是预先确定好被分类样本的类数,再从初始的分类出发,用数学计算进行反复修改,直至合理为止。

设待分类的样本集合为:

$$X = (x_1, x_2, \cdots, x_n) \tag{6-42}$$

每一个样本 x_i ($i = 1, 2, \cdots, n$) 有 s 个指标,于是每个样本 x_i 可以写成行矩阵 $\boldsymbol{x}_i = (x_{i1}, x_{i2}, \cdots, x_{in})$。

如果把样本集 X 中的样本分成 c 类,则对应每一种分法,可以用一个 c 行 n 列、元素 u_{ij} 在 $[0, 1]$ 之间的矩阵来表示。它表明每个样本以每一从属度从属于某一类,而又以另一从属度从属于另一类。

一般来说,若 X 有 n 个样本要分成 c 类,则它的软分划矩阵有如下形式。

$$\boldsymbol{U} = [u_{ij}]_{m \times n} \tag{6-43}$$

式中: $i = 1, 2, \cdots, c$; $j = 1, 2, \cdots, n$;$\boldsymbol{U}$ 称为多维模糊决策识别矩阵; u_{ij} 表示决策 j 隶属于标准决策模式 i 的相对隶属度。

式(6-43)应满足下列约束条件:

$$\begin{cases} 0 \leqslant u_{ij} \leqslant 1, (i = 1, 2, \cdots, c; j = 1, 2, \cdots, n) \\ \sum\limits_{i=1}^{c} u_{ij} = 1, (j = 1, 2, \cdots, n) \\ \sum\limits_{j=1}^{n} u_{ij} > 0, (i = 1, 2, \cdots, c) \end{cases} \tag{6-44}$$

衡量最佳分类的标准是样本与聚类中心的距离的平方和最小。一个样本是按不同的从属程度分类的。因此,应该同时计算它与每一类距离中心的距离:

$$\sum_{i=1}^{c} u_{ij} \parallel x_j - v_i \parallel^2 \tag{6-45}$$

式中：$\parallel x_j - v_i \parallel = \sqrt{\sum\limits_{k=1}^{s}(x_{jk} - v_{ik})^2}$。

上式表示样本 x_j 与各个距离中心 v_i 的带权距离平方和，权就是 x_j 属于 i 类的从属程度。把每个样本的带权距离平方和加起来，就得到整体带权距离平方和。

$$F(u,v) = \sum_{j=1}^{n}\sum_{i=1}^{c} u_{ij} \parallel x_j - v_i \parallel^2 \qquad (6\text{-}46)$$

为了加强 x_i 属于各类的从属程度的对比度，在上式中再添上参数 m，即得

$$F_m(u,v) = \sum_{j=1}^{n}\sum_{i=1}^{c} u_{ij}^m \parallel x_j - v_i \parallel^2 \qquad (6\text{-}47)$$

为了得到最佳的分划，要求取适当的软分化矩阵与聚类中心，可以用如下公式来求 u_{ij} 和 v_i。

$$u_{ij} = \frac{1}{\sum\limits_{k=1}^{c} \mid \frac{\parallel x_j - v_i \parallel}{\parallel x_j - v_k \parallel} \mid^{\frac{2}{m-1}}}, i = 1,2,\cdots,c; j = 1,2,\cdots,n \qquad (6\text{-}48)$$

$$v_i = \frac{\sum\limits_{k=1}^{n}(u_{ik})^m x_k}{\sum\limits_{k=1}^{n}(u_{ik})^m} \qquad (6\text{-}49)$$

其中，$v_i = (v_{i1}, v_{i2}, \cdots, v_{is})$，$i = 1,2,\cdots,c$；$x_k = (x_{k1}, x_{k2}, \cdots, x_{ks})$，$k = 1,2,\cdots,n$。

具体计算步骤如下：

第一步：人为地先给出一个初始分划矩阵 $\boldsymbol{U}_0$；

第二步：根据 $\boldsymbol{U}_0$ 和式(6-49)算出聚类中心 v_{i0}；

第三步：再根据式(6-48)和已算出的 v_i，算出新的分划矩阵 $\boldsymbol{U}_0$；

第四步：检查 $\max\{\mid u_{ij} - v_{ij} \mid\}$ 是否小于给定的一个很小的正数 ε，若小于 ε，则停止计算，所得到的 $\boldsymbol{U}$ 与 v_i 即为所有的最佳软分划矩阵和聚类中心，否则回到第二步，再根据已得到的矩阵 $\boldsymbol{U}$ 算出新的聚类中心，重复做第三步和第四步，直到满足条件为止。

算出最佳软分划矩阵后，还要求对应的硬分划矩阵，通常可采取如下方法：

方法一：直接方法，即将 $\boldsymbol{U}_0$ 中每一列的元素中的最大者取为 1，其余全为 0，这实际上就是将样本划归从属程度最大的那一类。

方法二：二次分类法，将得到的聚类中心存在计算机中，将样本重新逐个输入，去与每个聚类中心进行比较，看它与哪个聚类中心最接近就属于哪一类。即 $\parallel x_j$

$- v_{i0} \parallel = \min\{ \parallel x_j - v_i \parallel \}$。

一般来说,方法一和方法二所得到的结果是基本一致的。

(2) 模糊聚类的预测模型

把输水隧洞看成一个模糊综合体,用模糊数学去研究它的结构性态,是一个有效的且有发展前途的新方法。首先以数据迭代法为基础,求出各种因子对应于不同分级的"聚类中心",结合预报日的各因子观测值进行二次聚类分析,以实现对位移的逐日预报。这种方法的优点是只需要一次性大量的数据迭代运算,求出"模糊聚类中心",即可在计算机上进行位移的逐日预报。此法重复运算量很少,而且精度较高。

(3) 观测资料的模糊聚类分析

① 影响因素(外水压力 H、温度 T 及时效 θ)的选择

和回归分析一样,模糊聚类分析也要求因子具有很强的代表性和物理意义。回归分析表明,其结果主要受外水压力 H、温度 T 和时效 θ 的影响,因此模糊聚类分析只考虑上述因素的作用。因此可选择如下因子:

a. 外水压力因子采用 H、H^2、H^3,这里 H 是指作用隧洞外部的地下水头。

b. 温度因子采用温度计测值。

c. 时效因子采用确定性模型中的时效因子,它们为 θ 和 $\ln\theta$。

② 资料取样及位移区间的划分

在观测资料序列中选取 n 组样本,并给出各组因变量和其影响因子的最大值、最小值。同时根据半带宽确定自变量的划分集,可表示为:

$$U_c = \{1, 2, 3, \cdots, c\} \tag{6-50}$$

③ 模糊聚类分析的实施步骤

a. 数据的标准化

按:

$$X = \frac{X' - X'_{\min}}{X'_{\max} - X'_{\min}} \tag{6-51}$$

进行标准化,显然,当 $X' = X'_{\max}$ 时,$X=1$;当 $X' = X'_{\min}$ 时,$X=0$。

b. "模糊聚类中心"的初步计算

根据因变量区间的划分结果,逐个检查其属于哪个划分区间,然后求出每个因变量区间的值所对应的各因子观测值的几何平均值,此值即所求得的初始模糊聚类中心 v_i。

然而,一般因变量观测值有一定的误差,从而使上面求出的初始模糊聚类中心

与较准确的模糊聚类中心存在一些差别。因此,应逐步修正模糊聚类中心的值,使其比较准确。

修正是以数据迭代为基础的,但针对不同问题,其距离却有具体的函数表达式。

④ 距离 $\|x_i - v_i\|$ 的函数表达式

一般而言,同一因变量在多种荷载组合下可能发生相同大小的因变量。因此,构造距离的函数表达式问题就变得比较复杂。对于运行多年的输水隧洞来说,其环境量一般都近似同步地呈年周期变化。在构造距离函数表达式时应兼顾到这方面的因素。否则,建立的模型很难反映实际情况。对于环境量呈年周期性变化的情况,可建立如下数学模型:

$$\|x_i - v_i\| = \left| \sum_{n=1}^{3} W_\omega(x_{in} - x_{jn}) + \sum_{m=4}^{5} W_\theta(x_{im} - x_{jm}) + \sum_{k=6}^{S} W_r(x_{ik} - x_{jk}) \right| / S$$

$$(6\text{-}52)$$

式中:S 为因子数;W_ω、W_θ、W_r 为水压因子、时效因子及温度因子的平均权重,其大小可由统计分析得出。

⑤ 模糊聚类中心 v_i

结合观测资料选取好迭代误差,经计算机反复迭代计算,可得模糊聚类中心。

(4)因变量的模糊预报

求出各自变量因子的模糊聚类中心的目的是根据水位、温度和时效等因子的观测值进行位移区间的预报,并要求:

① 各因子的观测值必须介于最大、最小值之间,即

$$(H^i, T_i, \theta_i) \in \left[\max(H^i, T_i, \theta_i), \min(H^i, T_i, \theta_i) \right]$$

② 各因子的观测值必须与样本各因子的观测值具有同样的精度。采用的预报方法为二次直接分类法。先采用式(6-51)标准化自变量(因子)。随后将待预报标准化后的样本与每个模糊聚类中心进行比较,若结果满足

$$\| \, | x_j - v_{i0} \| = \min\{ \|x_j - v_i\| \}$$

$$(6\text{-}53)$$

就认为待预报样本属于第 j 类,从而实现因变量的区间预报。此时,式(6-52)中的距离表达式取为:

$$\|x - x_j\| = \left| \sum_{k=1}^{3} W_\omega(x_{ik} - x_{jk}) + \sum_{k=4}^{5} W_\theta(x_{ik} - x_{jk}) + \sum_{k=6}^{S} W_r(x_{ik} - x_{jk}) \right| / S$$

$$(6\text{-}54)$$

式中：x_{ik}为待预报样本的第 k 个因子；S 为影响因子的数目。

采用数值监控模型和概率统计理论的分析计算结果，组成完整的安全监控指标体系，并使用这套体系对输水隧洞安全进行实时监控，同时结合结构分析理论拟定安全监控指标，为输水隧洞安全预测预警提供科学依据。

6.3.1.2 统计分析法拟定监控指标

1. 置信区间法

置信区间估计法是根据已经观测的资料进行计算，计算方法使用统计理论或者是有限元方法，建立监测效应量与荷载的数学模型。采用数学模型计算在各种荷载作用下监测效应量（$\hat{y}$）与实测值（y）的差值（$\hat{y}-y$）。若该值有 $1-\alpha$ 的概率落在置信带（$\Delta=\beta\cdot\sigma$）范围之内，而且测值过程无明显趋势性变化，则认为隧洞运行是正常的，否则是异常的。此时，相应的监测效应量的监控指标（δ_m）为：

$$\delta_m = \hat{y} \pm \Delta \tag{6-55}$$

置信区间估计法简单，易于掌握。但是隧洞如果没有遇到过最不利荷载组合，或资料系列很短时，则在监测效应量（$\hat{y}$）的历史数据中，不包含最不利荷载组合中的监测效应量，由此可见用这些资料建立的数学模型只能用来预测隧洞遭遇荷载范围内的效应量，其值很可能不是警戒值。同时，不同系列的资料，得出的分析结果是不同的标准差 σ；α 取值不同，β 也不相同，使置信区间 $\Delta=\beta\cdot\sigma$ 有一定任意性。此法没有联系隧洞破坏的原因和机理，物理概念不明确；此外，如果标准差过大，用此方法确定的监控指标可能超过隧洞安全监测效应量的真正极值。

2. 典型小概率法

在实测资料中，选择对隧洞强度、变形等的不利荷载组合时的监测效应量 X_{mi}（例如外水压力、温度梯度等），则 X_{mi} 为随机变量，由观测资料系列可得到一个子样数为 n 的样本空间：

$$X = \{X_{m1}, X_{m2}, \cdots, X_{mn}\} \tag{6-56}$$

可用下列两式估计其统计特征值：

$$\overline{X} = \frac{1}{n}\sum_{i=1}^{n} X_{mi} \tag{6-57}$$

$$\sigma_X = \sqrt{\frac{1}{n}\left(\sum_{i=1}^{b} X_{mi}^2 - n\overline{X}^2\right)} \tag{6-58}$$

然后，用统计检验方法（如 A-D 法、K-S 法），对其进行分布检验，确定其概率密度 $f(x)$ 的分布函数 $F(x)$（如正态分布、对数正态分布以及极值 I 型分布等）。

令 X_m 为监测效应量的极值，若当 $X > X_m$ 时，将要出现异常或险情，其概率为：

$$P(X > X_m) = P_a = \int_{x_m}^{+\infty} f(x) \mathrm{d}x \tag{6-59}$$

求出 X_m 的分布后，估计 X_m 的主要问题是确定破坏概率 P_a（以下简称 α），其值根据隧洞围岩的地质条件而定。确定 α 后，由 X_m 的分布函数直接求出 $X_m = F^{-1}(\overline{x}, \sigma_x, \alpha)$，即为 α 概率水平下的监控指标。

采用典型监测效应量的小概率法拟定隧洞破坏的监控指标，联系了对强度和稳定的荷载组合所产生的效应量，并根据观测资料来估计监控指标，此方法比置信区间估计法有所提高。当有长期观测资料，并真正遭遇较为不利荷载组合时，该法估计 y_m 才接近极值。否则，只是现行荷载条件下的极值。确定破坏概率 α 时，没有规范可以查询，α 的选择有一定的经验性。所以由此估算的 y_m 有可能不是真实的极值。此外，该法没有定量联系强度和稳定的控制条件，拟定的监控指标容易偏离实际情况。

3. 应用分析

某调水工程输水线路的某段隧洞监测断面 4-4（桩号 K26＋820.00）布置有 3 套多点位移计（3 测点式，测点深度分别为 10.0 m、4.0 m 和 1.5 m）、3 组锚杆应力计组（3 测点式，测点深度分别为 3.5 m、2.0 m 和 0.8 m）、3 支测缝计（分别位于隧洞的顶部、左侧和右侧）、8 支钢筋计（分别位于隧洞的顶部、左侧、右侧和底部）和 3 支渗压计（分别位于隧洞的顶部、左侧和底部），用于监测隧洞围岩的深部变形、支护锚杆的应力变化、围岩与衬砌接缝处的开合度变化、衬砌的外水压力和衬砌钢筋的应力等数据。此外，此输水线路隧洞 5-5 监测断面位于其 2 号支洞（桩号 K6＋950.000），布置有 3 套多点位移计（3 测点式，测点深度分别为 10.0 m、4.0 m 和 1.0 m）、3 组锚杆应力计组（3 测点式，测点深度分别为 2.3 m、1.3 m 和 0.5 m）、3 支测缝计（分别位于隧洞的顶部、左侧和右侧）、4 支钢筋计和 4 支渗压计（分别位于隧洞的顶部、左侧和右侧、底部），用于监测隧洞围岩的深部变形、支护锚杆的应力变化、围岩与衬砌接缝处的开合度变化、衬砌的外水压力等数据。4-4 断面和 5-5 断面具体布置见图 6-5，其中 M 为多点位移计，RA 为锚杆应力计，J 为测缝计，R 为缝钢筋计，P 为渗压计。

选择这两断面的多点位移计和测缝计的监测数据建立统计模型，数据系列起止日期为 2010 年 9 月 19 日至 2012 年 11 月 9 日。采用逐步回归分析计算统计模

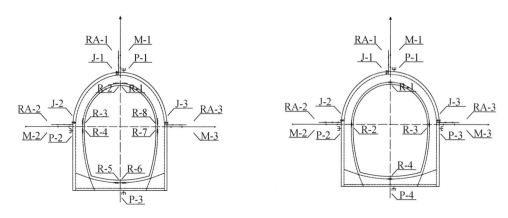

图 6-5 4-4 断面和 5-5 断面监测仪器布置图

型参数,其中水压分量按照式(6-1)获得,考虑外水压力的一、二、三次项。由于大多数测点都有伴测温度数据,因此温度分量按式(6-3)选择多点位移计和测缝计的伴测值作为因子。时效分量选择时间的对数函数与线性函数组合。得到统计模型为:

$$\delta = \delta_H + \delta_T + \delta_\theta = a_1 P + \sum_{i=1}^{n} b_i T_i + c_1 \theta + c_2 \ln\theta \qquad (6-60)$$

(1)统计模型分析

表 6-1 为隧洞 4-4 断面多点位移计和测缝计监测数据统计模型的复相关系数(R)和剩余标准差(S)计算结果,表 6-2 为隧洞 5-5 断面多点位移计和测缝计监测数据统计模型的复相关系数(R)和剩余标准差(S)计算结果。图 6-6～图 6-9 为洞室 4-4 断面和 5-5 断面部分仪器的实测数据及模型拟合数据过程线。

表 6-1 隧洞 4-4 断面测点监测数据统计模型复相关系数及剩余标准差数据表

监测类型	测点编号	复相关系数 R	剩余标准差 S
多点位移计	M-1-1	0.77	0.12
	M-1-2	0.84	0.51
	M-1-3	0.79	0.20
	M-2-1	0.99	0.03
	M-2-2	0.89	0.02
	M-2-3	0.94	0.02

监测类型	测点编号	复相关系数 R	剩余标准差 S
多点位移计	M-3-1	0.88	0.06
	M-3-2	0.92	0.06
	M-3-3	0.99	0.03
测缝计	J-1	0.87	0.08
	J-2	0.96	0.11
	J-3	0.93	0.20

表6-2 隧洞5-5断面测点监测数据统计模型复相关系数及剩余标准差数据表

监测类型	测点编号	复相关系数 R	剩余标准差 S
多点位移计	M-1-1	0.92	0.02
	M-1-2	0.93	0.02
	M-1-3	0.93	0.04
	M-2-1	0.83	0.04
	M-2-2	0.87	0.64
	M-2-3	0.86	3.87
	M-3-1	0.98	0.06
	M-3-2	0.95	0.03
	M-3-3	0.93	0.04
测缝计	J-1	0.94	0.01
	J-2	0.92	0.07
	J-3	0.95	0.01

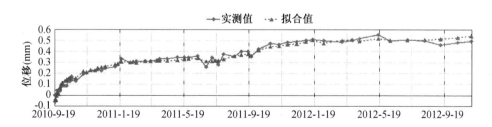

图6-6 4-4断面多点位移计 M-2-1 实测及拟合数据过程线

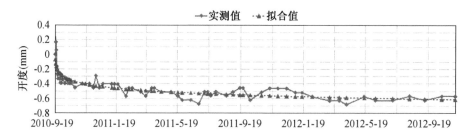

图 6-7　4-4 断面测缝计 J-1 实测及拟合数据过程线

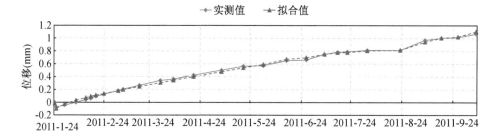

图 6-8　5-5 断面多点位移计 M-1-2 实测及拟合数据过程线

图 6-9　5-5 断面测缝计 J-3 实测及拟合数据过程线

　　分析多点位移计和测缝计测点统计模型的复相关系数 R 及剩余标准差 S，可知 4-4 断面和 5-5 断面的大部分多点位移计测点和测缝计测点监测数据的建模结果较好，复相关系数较高，所建立的回归模型精度较好。

　　（2）确定性模型分析

　　输水隧洞围岩的变形与原岩的初始应力场密切相关，在隧洞的开挖施工过程中，随着开挖面上地应力解除、围岩应力释放、调整或重分布，围岩变形在初期急剧变化，后期逐渐收敛。在用有限元计算洞室开挖、喷锚支护、二次混凝土衬砌各个过程中，伴随着围岩应力释放、洞室围岩的变形，得到 4-4 断面及 5-5 断面对应多点位移计监测部位的计算数据，4-4 断面多点位移计 M1-1，M2-2，M3-3 及 5-5 断面多点位移计 M1-3 数据如表 6-3 所示，过程线如图 6-10 所示。通过图和表可见,围岩变形和实际变化趋势较为一致,后期趋于稳定。4-4 断面 M1-1 位于隧洞顶部,围岩变形幅度较位于两侧测点 M2-1 和 M3-3 数据大。

表 6-3　围岩收敛变形(mm)

时步	M1-1	M2-1	M3-3	M1-3
1	−0.090 173 9	−0.295 198 3	−0.088 147 2	−0.041 101 4
2	−0.090 167 3	−0.295 198 4	−0.088 147 6	−0.041 101 1
3	−0.090 161 4	−0.295 198 4	−0.088 147 7	−0.041 100 8
4	−0.090 158 3	−0.295 198 3	−0.088 148 0	−0.041 098 2
5	−0.090 154 9	−0.295 198 2	−0.088 148 3	−0.042 025 7
6	−0.090 149 7	−0.295 198 4	−0.088 148 5	−0.024 218 5
7	−0.090 145 5	−0.295 198 4	−0.088 148 7	−0.019 298 4
8	−0.090 142 5	−0.295 198 5	−0.088 148 8	−0.007 790 7
9	−0.090 133 9	−0.295 198 4	−0.088 149 4	0.008 855 3
10	−0.090 127 3	−0.295 198 3	−0.088 149 6	0.029 269 2
11	−0.090 123 6	−0.295 197 9	−0.088 149 9	0.050 710 4
12	−0.068 306 7	−0.233 879 0	−0.088 150 0	0.059 245 6
13	0.045 321 6	−0.087 035 2	−0.068 478 5	0.068 613 2
14	0.140 368 8	−0.040 860 7	−0.012 934 2	0.072 213 6
15	0.140 185 2	−0.020 764 9	−0.007 751 1	0.072 935 1
16	0.140 693 8	−0.000 262 6	0.003 278 4	0.074 087 4
17	0.142 894 8	0.004 258 8	0.005 469 8	0.075 690 2
18	0.146 127 4	0.008 425 7	0.007 551 2	0.077 290 4
19	0.160 662 5	0.011 925 6	0.009 620 8	0.078 774 8
20	0.179 922 5	0.013 411 1	0.010 759 4	0.079 326 8
21	0.187 334 1	0.013 968 0	0.011 073 2	0.079 480 3
22	0.186 862 8	0.014 637 1	0.011 577 5	0.079 526 3
23	0.186 609 3	0.014 816 5	0.011 735 4	0.079 618 8
24	0.186 483 9	0.014 855 9	0.011 767 8	0.079 693 6
25	0.186 320 8	0.014 876 1	0.011 784 8	0.079 790 1

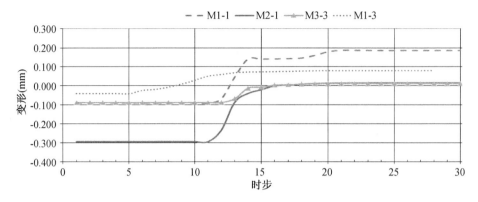

图 6-10　围岩收敛变形过程线

此外,不同地下水位对应的外水压力变化对隧洞变形也有影响,对应不同高程的地下水位,利用有限元计算 4-4 断面多点位移计 M1-1、M2-2、M3-3 及 5-5 断面多点位移计 M1-3 测点监测部位外水压力产生的围岩变形量,不同水头的围岩变形计算结果见表 6-4 及图 6-11。可知 4-4 断面位于隧洞顶部的测点 M1-1 处变化量比较大。

表 6-4　不同外水压力围岩变形计算结果(mm)

水头(m)	M1-1	M2-1	M3-3	水头(m)	M1-3
7	−0.613 3	−0.227 1	−0.039 3	6	−0.273 6
10	−0.598 3	−0.227 1	−0.045 4	8	−0.269 2
13	−0.502 2	−0.158 5	−0.022 9	10	−0.269 0
16	−0.458 7	−0.140 2	−0.015 3	12	−0.261 8
19	−0.397 0	−0.115 4	−0.006 3	14	−0.156 4
22	−0.314 3		−0.005 6		
25	−0.202 7		0.000 3		
28	−0.079 1		0.006 7		
31	0.060 7		0.009 2		
34	0.186 1		0.011 8		

(3)输水隧洞变形监控指标拟定

按照置信区间法,利用统计模型计算得到的数据建立监控指标。首先计算多点位移计和测缝计数据实测值(y)与统计模型值($\bar{y}$)的差值($\bar{y}-y$),得到残差

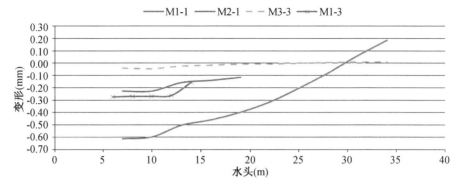

图 6-11　不同水头围岩变形关系曲线

序列;选择显著性水平 $1-\alpha_1 = 0.975$,建立监控指标($\Delta = 3\sigma$),则可按照 $\delta_m = \hat{y}$ $\pm \Delta$,得到多点位移计和测缝计变形数据的指标区间。隧洞 4-4 断面和 5-5 断面的多点位移计测点和测缝计测点数据对应的 Δ 值见表 6-5。

表 6-5　隧洞 4-4 断面及 5-5 断面多点位移计及测缝计监控指标值(mm)

监测断面	监测类型	测点编号	$\Delta = 3\sigma$
4-4	多点位移计	M-2-1	0.191
		M-3-2	0.127
		M-3-3	0.129
	测缝计	J-2	0.081
5-5	多点位移计	M-1-1	0.144
		M-2-1	0.066
		M-3-2	0.161
	测缝计	J-2	0.113

6.3.2　结构分析方法拟定监控指标

G1-23 断面衬砌结构为均质圆环,均质圆环为三次超静定结构,可用力法求解其内力,由于结构及荷载均对称于竖轴,所以沿对称面的剪力等于零,因此实际上仅有两个多余的未知力,计算结构如图 6-12 所示。由于对称轴上的衬砌截面仅竖向下沉,而且没有水平位移和转角,故可将圆环底截面视为固定端。图中的未知力 X_1、X_2 已被移到衬砌的弹性中心,因此其柔度系数 $\delta_{12} = 0$,则有位移协调方程:

$$\begin{cases} X_1 \delta_{11} + \Delta_{1p} = 0 \\ X_2 \delta_{22} + \Delta_{2p} = 0 \end{cases} \tag{6-61}$$

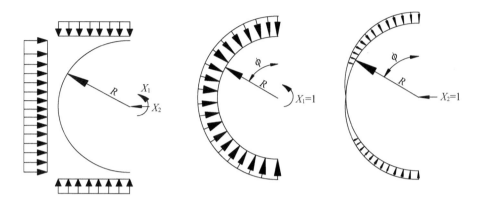

图 6-12　计算简图

式中:δ_{11}、δ_{22}分别为柔度系数;Δ_{1P}、Δ_{2P}分别为外荷载产生的位移。

如果不计轴力和剪力的影响,从结构力学的角度考虑,有:

$$\begin{cases} \delta_{ik} = \int_0^x \dfrac{\overline{M_i}\,\overline{M_k}}{EI}\mathrm{d}s \\[3mm] \Delta_{iP} = \int_0^x \dfrac{\overline{M_i}M_P}{EI}\mathrm{d}s \end{cases} \tag{6-62}$$

由图 6-12 计算可得:

在 $X_1=1$ 作用下,虚设单位荷载引起的内力 $\overline{M_1}=1$,在 $X_2=1$ 作用下,虚设单位荷载引起的内力 $\overline{M_2}=-R_h\cos\varphi$。

$$\begin{cases} \delta_{11} = \dfrac{R_h}{EI}\int_0^\pi 1\times 1\,\mathrm{d}\varphi = \dfrac{\pi R_h}{EI} \\[3mm] \delta_{22} = \dfrac{R_h}{EI}\int_0^\pi \left(-R_h\cos\varphi\right)^2\mathrm{d}\varphi = \dfrac{\pi R_h^3}{2EI} \\[3mm] \Delta_{1P} = \dfrac{R_h}{EI}\int_0^\pi 1\times M_P\,\mathrm{d}\varphi = \dfrac{R_h}{EI}\int_0^\pi M_P\,\mathrm{d}\varphi \\[3mm] \Delta_{2P} = \dfrac{R_h}{EI}\int_0^\pi \left(-R_h\cos\varphi\right)M_P\,\mathrm{d}\varphi = -\dfrac{R_h^2}{EI}\int_0^\pi M_P\cos\varphi\,\mathrm{d}\varphi \end{cases} \tag{6-63}$$

将上述计算结果代入式(6-61),求得赘余力:

$$\begin{cases} X_1 = -\dfrac{\Delta_{1P}}{\delta_{11}} = -\dfrac{1}{\pi}\int_0^\pi M_P\,\mathrm{d}\varphi \\[3mm] X_2 = -\dfrac{\Delta_{2P}}{\delta_{22}} = -\dfrac{2}{\pi R_h}\int_0^\pi M_P\cos\varphi\,\mathrm{d}\varphi \end{cases} \tag{6-64}$$

这样,衬砌中与竖直轴成 φ 角的任意截面弯矩和轴力分别为:

$$\begin{cases} M = M_P + X_1 - X_2 R_h \cos\varphi \\ N = N_P + X_2 \cos\varphi \end{cases} \tag{6-65}$$

式中:N_P、M_P 分别为外荷载所产生的内力。

通过上式,分别取 $\varphi=0°$、$90°$、$180°$。计算出顶部、侧面、底部的内力。

式中,半径 $R_h=3.65$ m,M_P 通过结构力学计算可求得,即:

$$M_p = \frac{\pi g}{2}(R\sin\varphi)^2 - \frac{q_2 R^2}{2}(1-\cos\varphi)^2 \tag{6-66}$$

将 M_P 代入式(6-64)中分别求出 X_1、X_2。

$$\begin{cases} X_1 = -\dfrac{\pi g R_h^2}{4} + \dfrac{3}{4}\dfrac{q_2 R_h^2}{4} \\ X_2 = -q_2 R_h \end{cases} \tag{6-67}$$

根据静止土压力计算公式,假设隧洞周围的岩体处于弹性平衡状态,并且衬砌结构不移动,则此时的上部初始静止土压力:

$$q_1 = \gamma z \tag{6-68}$$

式中:z 为隧洞埋深;γ 为容重。

侧向水平土压力为:

$$q_2 = k_0 \sigma_z \tag{6-69}$$

式中:k_0 为侧压力系数,可用泊松比 μ 求得,$k_0 = \dfrac{\mu}{1-\mu}$。

由本书第三章参数可推算出单元面密度,$\rho=2.0\times10^3$ kg/m^2,$\mu=0.4$,$k_0=0.667$,隧洞埋深 80 m,为了简化计算过程,将侧向水平荷载简化为均布荷载。

求得:竖向围岩荷载 $q_1=1\,568$ kN/m,侧向水平土压力 $q_2=1\,046$ kN/m,地基反力 $P_R=q_1+\pi g$。

将 q_1、q_2 代入式(6-67)中,可求得 X_1、X_2 的值分别为:

$$\begin{cases} X_1 = 10\,423 \text{ kN} \\ X_2 = -3\,818 \text{ kN} \end{cases} \tag{6-70}$$

将式(6-70)代入式(6-65)中,可以求出不同 φ 值情况下衬砌的弯矩,分别取 $\varphi=0°$、$90°$、$180°$,分别对应衬砌顶部、侧边以及底部的弯矩。$M_{顶}=3\,335$ kN·m,$M_{侧边}=-3\,769$ kN·m,$M_{底}=3\,138$ kN·m。

通过内力平衡方程可求得 N_p 为:

$$N_p = -q_2 R_h (1 - \cos\varphi)^2 - \pi g (\sin\varphi)^2 \tag{6-71}$$

将 q_1、q_2、N_p、X_2 代入式(6-65)中,可求得衬砌不同位置处的内力值,分别取 $\varphi=0°$、$90°$、$180°$,分别对应衬砌顶部、侧边以及底部的内力。$N_{顶} = -3\,818$ kN,$N_{侧边} = -3\,932.51$ kN,$N_{底} = -3\,818$ kN。通过计算得出隧洞衬砌全都都处于受压状态。可以结合数值模拟分析,拟定监测指标。

6.3.3 数值分析方法拟定监控指标

衬砌的数值分析采用荷载-结构模式进行计算,支护结构承受围岩产生的荷载,围岩约束支护结构的变形而产生被动抗力。我国已采用这种理论设计了几千座隧道,尤其在公路和铁路隧道中运用广泛,这一方法在结构设计方面还未发生过重大问题。在施工过程中,经常会出现顶部的塌方,说明松弛荷载是客观存在的,因此,荷载结构模式大致上能够反映衬砌受力的客观实际。

荷载结构法的计算模型如图 6-13 所示,在竖向荷载和水平荷载的共同作用下,衬砌将发生变形,若衬砌变形朝向围岩,则围岩约束衬砌的变形而产生弹性抗力,这种弹性抗力在模型计算中采用弹簧代替。隧洞衬砌采用连续梁单元模拟,弹性模量设置为仅受压,在分析中弹簧如受到拉力将不参与分析。隧洞所受荷载采用上节计算出的竖向和侧向荷载。计算结果如图 6-14～图 6-18 所示。

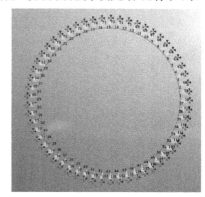

图 6-13 荷载结构法计算模型图

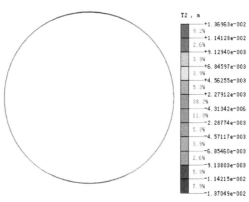

图 6-14 竖直方向位移图

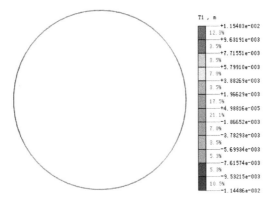

图 6-15　水平方向位移图

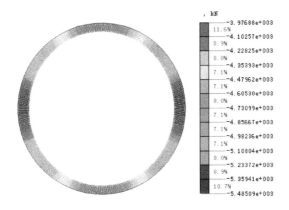

图 6-16　衬砌内力分布图

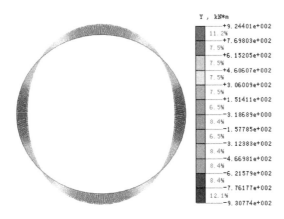

图 6-17　衬砌弯矩分布图

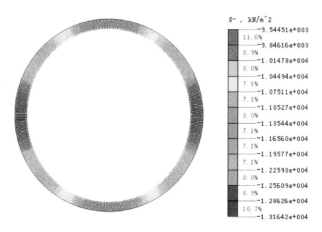

S-, kN/m^2
  -9.54451e+003
11.6% -9.84616e+003
8.9% -1.01478e+004
8.0% -1.04494e+004
7.1% -1.07511e+004
  -1.10527e+004
8.0% -1.13544e+004
7.1% -1.16560e+004
7.1% -1.19577e+004
7.1% -1.22593e+004
8.0% -1.25609e+004
8.9% -1.28626e+004
10.7% -1.31642e+004

图 6-18 衬砌应力分布图

在位移计算图中,竖向位移顶部下沉 13.6 mm,底部上升 13.7 mm,水平方向位移左右分别外扩 11.44 mm 和 11.54 mm。内力分布图显示底部和顶部均为 3 976.88 kN,两侧为 5 485.09 kN,全部受压。弯矩分布图中,顶部和底部弯矩对称分布,弯矩大小为 942.401 kN·m,两侧弯矩为 -930.774 kN·m。应力分布图中,顶部和底部均为 9.54 MPa,两侧为 13.16 MPa。

通过分析可以看出,在传统的结构力学模型中,由于将支护结构和围岩分开考虑,支护结构作为承载的主体,在计算时缺少围岩的约束条件,所以计算值基本为对称分布,与采用地层结构法相比,计算结构偏大。因此,在采用荷载结构法进行设计时相对比较保守,在采用地层结构模型计算时,能够真实地反映具体工程的实际情况。结果对比见表 6-6。

表 6-6 数值计算位移对比表

部位	左侧(mm)	顶部(mm)	右侧(mm)	底部(mm)
地层结构法	-0.489	-9.55	0.487	-5.37
荷载结构法	-11.44	-13.6	11.54	13.7

对比结构分析法和荷载-结构模型,结构力学计算得出的内力值和数值分析基本相同,弯矩值比数值计算稍大,表明在进行结构力学计算时,由于参数的选取和对部分计算的简化,使得结果较为保守。结果对比表见表 6-7、表 6-8。

表 6-7　内力对比表

部位	顶部(kN)	侧边(kN)	底部(kN)
结构力学计算	−3 818	−3 932.51	−3 818
荷载结构法	−3 976.88	−5 485.09	−3 976.88

表 6-8　弯矩对比表

部位	顶部(kN·m)	侧边(kN·m)	底部(kN·m)
结构力学计算	3 335	−3 769	3 138
荷载结构法	942.401	−930.774	942.401

6.4　监测指标实例验证——以衬砌钢筋应力为例

某工程 G1-23 监测断面(与数值分析所用的监测断面相同)钢筋计布置如图 6-19所示。通过对监测资料的分析,得出钢筋应力随时间的变化趋势,如图 6-19 图～图 6-27 所示。

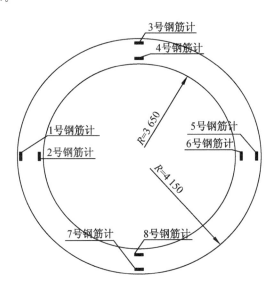

图 6-19　钢筋计监测点布置图(单位:mm)

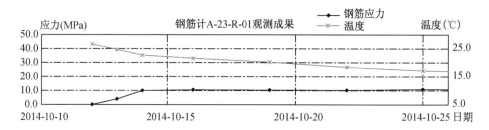

图 6-20　断面 01 号钢筋计应力变化图

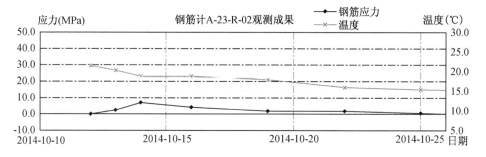

图 6-21　断面 02 号钢筋计应力变化图

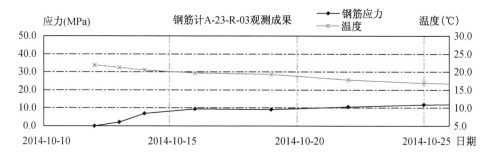

图 6-22　断面 03 号钢筋计应力变化图

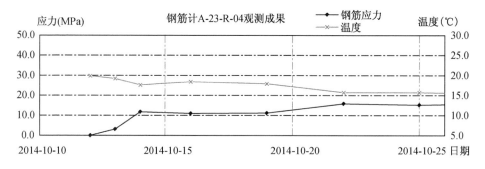

图 6-23　断面 04 号钢筋计应力变化图

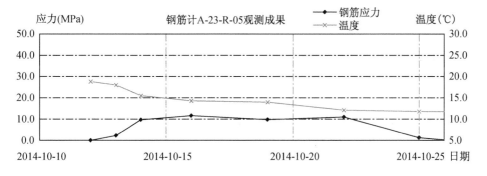

图 6-24   断面 05 号钢筋计应力变化图

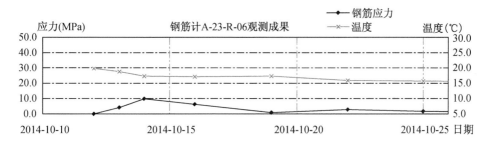

图 6-25   断面 06 号钢筋计应力变化图

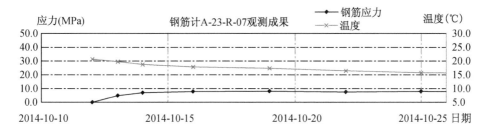

图 6-26   断面 07 号钢筋计应力变化图

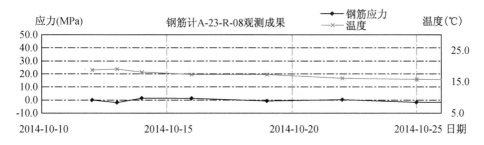

图 6-27   断面 08 号钢筋计应力变化图

通过钢筋应力过程线图可以分析混凝土的应力变化趋势，钢筋应力基本不受温度变化的影响，外圈混凝土在硬化之后受到外荷载的压力开始逐渐增加，内圈混凝土除了顶部以外，所受应力值都较小。将外侧 01、03、05、07 号四个测点的监测数据值与数值计算应力值进行比较，结果见表 6-9。

表 6-9　钢筋应力与数值应力计算值比较

部位	左侧（MPa）	顶部（MPa）	右侧（MPa）	底部（MPa）
钢筋计测值	10.36	12.42	11.63	8.14
地层结构法	13.75	8.01	13.75	8.22
荷载结构法	13.16	9.54	13.16	9.54

通过比较可以看出，数值计算的结果中，左侧和右侧、顶部和底部的混凝土应力理论计算值基本相同，因为模型分析时，荷载的分布即衬砌结构受力是对称的。但从实际观测数据看，衬砌结构的受力并不是对称的，左右侧应力值相差较大，顶部的应力值要明显大于底部，说明隧洞四周围岩的受力状态不是均匀分布的。从比较结果看，实际测值基本在数据计算值控制范围内，确定钢筋应力的监控指标时，可以以数值计算的结果作为指标，但顶部钢筋计的监控指标要以监测最大值作为指标。随着监测数据的增加，长期观测的监控指标还需有所调整，结合统计学分析方法修正监控指标。

6.5　本章小结

本章阐述了监控指标体系的选择思路，对影响因素进行了分析，并且采用了统计学、结构力学计算、数值分析的方法拟定监控指标。具体结论归纳如下：

（1）从警情指标、警源指标、警兆指标的思路开始，确定了影响隧洞安全的地质因素、技术因素、人为因素、环境因素。对上述因素进行总结归纳，确立指标体系。

（2）采用 3 种不同的分析方法拟定隧洞安全监控指标，统计分析方法主要是从长期的监测资料分析来统计隧洞运行时的各种因素的规律，从规律入手，结合现场实际情况，拟定安全监控指标。从现场反馈的监测数据来看，通过统计分析拟定的监控值与监测值相差较小，可能会出现误报警情的情况。

（3）通过结构荷载、地层荷载方法计算出的应力值与现场监测值比较得出，计算出的应力值较大，在隧道的运行过程中，可以将计算值作为指标，当监测值超出指标值时，隧洞的运行状态可能已经出现警情，需要及时将情况反馈给管理部门。

7 长距离复杂引调水工程运行风险分析

7.1 因子识别方法

7.1.1 概述

因子识别是找到工程险情发生源头的重要步骤。参考大坝风险管理中的风险因子识别的定义,风险识别是指用科学、有效的方法寻找风险的来源,通过分析,判断出该因子是否对我们的项目产生影响。对于南水北调中线工程来说,险情的发生是由复杂的外界运行环境以及工程自身运行风险等多方面因素共同造成的,因此工程影响因子的来源复杂,需有针对性地进行分析。为了方便在实际工程中迅速甄别因子来源,本章提出了中线工程各类建筑物的基本影响因子及其评判标准,需要注意的是,此处所提出的因子及标准是一个"平均水平"的概念,即通过对具有不同工程特点的建筑物工程进行分析,抽取其共性、弱化其特性建立影响因子评价体系。在实际应用中,由于不同的工程运行环境等导致工程具有不同特性,根据实际情况可在本章节提出的影响因子评价体系的基础上修正。

因子识别的分析建立在实际险情信息的基础上,对工程因子进行合理的判断与归类,通过分析得出真实的工程影响因子。因子识别不能完全主观地进行推断,必须采用科学客观的方法。南水北调工程同时具备复杂性与难预测性,因此,本项目拟分别采用以下 4 种方法对险情因子进行分析识别。

7.1.2 层次分析法(AHP)

层次分析法(Analytic Hierarchy Process,AHP)是一种定性和定量相结合的、系统的、层次化的分析方法。这种方法的特点就是在对复杂决策问题的本质、影响因素及其内在关系等进行深入研究的基础上,利用较少的定量信息使决策的思维过程数学化,从而为多目标、多准则或无结构特性的复杂决策问题提供简便的决策方法,是对难以完全定量的复杂系统做出决策的模型和方法。

层次分析法根据问题的性质和要达到的总目标,将问题分解为不同的组成因素,并按照因素间的相互关联影响以及隶属关系将因素按不同的层次聚集组合,形成一个多层次的分析结构模型,从而最终使问题归结为最低层(供决策的方案、措施等)相对于最高层(总目标)的相对重要权值的确定或相对优劣次序的排定。

运用层次分析法构造系统模型时,大体可以分为以下四个步骤:

1. 建立层次结构模型

将决策的目标、考虑的因素(决策准则)和决策对象按其之间的相互关系分成最高层、中间层和最低层,绘制层次结构图,如图7-1所示。

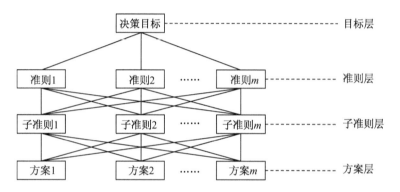

图7-1 层次分析法的层次结构图

其中,最高层(目标层)指的是决策的目的、要解决的问题,中间层(准则层或指标层)指考虑的因素、决策的准则,最低层(方案层)为决策时的备选方案。

2. 构造判断矩阵

由专家结合自身经验对各层进行两两比较,利用比较结果及表7-1中比较标度法构造判断矩阵,并进行层次单排序、层次总排序及一致性检验,以确定各指标因素的权重系数。

表7-1 1~9级标度表

标度	含义
1	表示两个因素相比,具有同等重要性
3	表示两个因素相比,一个因素比另一个因素稍微重要
5	表示两个因素相比,一个因素比另一个因素明显重要
7	表示两个因素相比,一个因素比另一个因素强烈重要

标度	含义
9	表示两个因素相比,一个因素比另一个因素极端重要
2,4,6,8	上述两相邻判断的中值
倒数	因素 i 与 j 比较的判断 a_{ij},则因素 j 与 i 比较的判断 $a_{ji}=1/a_{ij}$

3. 层次单排序及其一致性检验

层次单排序是对同一层次中相应因素对于上一层次中的某个因素的相对重要性进行排序。可归结为计算判断矩阵的特征值和特征向量问题:

$$DW = \lambda_{\max}W \tag{7-1}$$

$$\lambda_{\max} = \frac{1}{n}\sum_{i=1}^{n}\frac{(AW)_i}{W_i} \tag{7-2}$$

式中:D 为判断矩阵;$\lambda_{\max}$ 为 D 的最大特征根;W 为对应 $\lambda_{\max}$ 的归一化特征向量。

根据层次分析法的使用要求,需利用一致性指标:

$$CI = \frac{\lambda_{\max}-n}{n-1} \tag{7-3}$$

对上述权重结果进行一致性检验。其中,n 为 D 的阶数。当 $CI=0$ 时,判断矩阵具有完全一致性;反之,CI 值越大,则判断矩阵的一致性越差。为衡量 CI 的大小,引入随机一致性指标 RI,RI 取值见表 7-2。

表 7-2　随机一致性指标数 RI 数值表

矩阵阶数	1	2	3	4	5	6	7	8	9
RI	0	0	0.52	0.90	1.12	1.24	1.32	1.41	1.45

$$CR = \frac{CI}{RI} \tag{7-4}$$

CI 与同阶平均随机一致性指标 RI 之比 CR 为判断矩阵随机一致性比例。当 $CR<0.10$ 时,认为判断矩阵 D 的不一致程度在容许范围之内,具有令人满意的一致性,通过一致性检验,可用其归一化特征向量作为权向量;反之,则需调整判断矩阵,直至满足一致性要求。

4. 层次总排序及其一致性检验

计算某一层次所有因素对于最高层(总目标)相对重要性的权值,称为层次总排序。若通过一致性检验,则可按照总排序权向量表示的结果进行决策,否则需要重新构造那些一致性比率 CR 较大的成对比较矩阵。

7.1.3　系统动力学法（SD）

系统动力学（System Dynamics, SD）是一门分析研究信息反馈系统的学科，也是一门认识系统问题和解决系统问题的交叉综合学科。系统动力学是 Forrester 教授于 1958 年为分析生产管理及库存管理等企业问题而提出的系统仿真方法，最初叫工业动态学。从系统方法论来说，系统动力学是结构的方法、功能的方法和历史的方法的统一，它基于系统论，吸收了控制论、信息论的精髓，是一门综合自然科学和社会科学的横向学科。

人们在求解问题时都是想获得较优的解决方案，能够得到较优的结果。所以系统动力学解决问题的过程实质上也是寻优过程，以获得较优的系统功能。系统动力学强调系统的结构并从系统结构角度来分析系统的功能和行为，系统的结构决定了系统的行为。因此系统动力学是通过寻找系统的较优结构来获得较优的系统行为。

系统动力学[19]把系统看成一个多重信息因果反馈机制。因此系统动力学在经过剖析系统，获得深刻、丰富的信息之后建立起系统的因果关系反馈图，之后再转变为系统流图，建立系统动力学模型。最后通过仿真语言和仿真软件对系统动力学模型进行计算机模拟，来完成对真实系统的结构进行仿真。

7.1.3.1　反馈系统与反馈回路的基本概念

反馈回路就是由一系列的因果与相互作用链组成的闭合回路或者说是由信息与动作构成的闭合路径。在分析系统的行为与其内部结构的关系时，首先要区别反馈的种类。按照反馈过程的特点，反馈可自然地划分为正反馈和负反馈两种。

正反馈的特点是能产生自身运动的加强过程，在此过程中运动或动作所引起的后果将回授，使原来的趋势得到加强；负反馈的特点是能自动寻求给定的目标，未达到（或者未趋近）目标时将不断作出响应。具有正反馈特性的回路称为正反馈回路［如图 7-2(a)］，具有负反馈特点的回路则称为负反馈回路［如图 7-2(b)］。

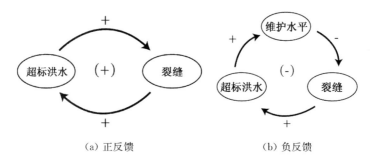

(a) 正反馈　　　　　　　　　(b) 负反馈

图 7-2　正、负反馈回路

所谓反馈系统就是包含有反馈环节与其作用的系统。它要受系统本身的历史行为的影响,把历史行为的后果回授给系统本身,以影响未来的行为。或者说反馈系统就是相互联结与作用的一组回路或闭环系统。单回路的系统是简单系统;具有三个以上回路的系统是复杂系统。以正、负反馈回路为主导的系统分别为正反馈系统和负反馈系统。

事实证明,由若干回路组成的反馈系统,即使诸单独回路所隐含的动态特性均简单明了,但是其整体特性的分析却往往使直观形象解释与分析方法束手无策。因此,反馈结构复杂的实际系统与问题,其随时间变化的特性与其内部结构关系的分析不得不求助于定量模型和计算机模拟技术。

7.1.3.2 系统的结构

从系统论的观点看,所谓结构是指单元的秩序。它包含两层意思,首先是指组成系统的各单元,其次是指诸单元间的作用与关系。系统的结构标志着系统构成的特征。

基于系统的整体性与层次性,系统的结构一般存在下述体系与层次:

(1) 系统 S 范围的界限:所谓某系统的界限是指该系统的范围,它规定了形成某特定动态行为所应包含的最小数量的单元。界限内为系统本身,而界限外则为与系统有关的环境;

(2) 子系统或子结构 $S_i(i=1,2,\cdots,p)$;

(3) 系统的基本单元,反馈回路结构 $E_j(j=1,2,\cdots,m)$;

(4) 反馈回路的组成与从属成分:状态变量、变化率(目标、现状、偏差与行动)。

系统的基本结构是一阶反馈回路。一阶反馈回路是耦合系统的状态、速率(或称行动)与信息的回路,它们对应于系统的三个组成部分:单元、运动与信息。状态变量的变化取决于决策或行动的结果。而决策(行动)的产生可分为两种:一种是依靠信息反馈的自我调节(如图 7-3 所示),这是普遍存在于生物界、社会经济与机器系统中的现象;另一种是在一定条件下不依靠信息的反馈,而按照系统本身的某种特殊规律(如图 7-4 所示),这种现象存在于非生物界,这时并非信息不存在,而是信息处于"潜在"状态未被利用。若用系统动力学的流图来表示则相当于信息到

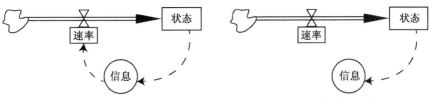

图 7-3　系统基本结构之一　　　　图 7-4　系统基本结构之二

决策之间的连线切断了。一个反馈回路就是由上述状态、速率、信息三个基本部分组成的基本结构。一个复杂系统则按一定的系统结构由若干相互作用的反馈回路所组成；反馈回路的交叉、相互作用形成了系统的总功能。

7.1.3.3　系统动力学方法研究主要过程

系统动力学是一门分析研究信息反馈系统，认识系统问题和解决系统问题的学科。用系统动力学认识与解决系统问题不可能一蹴而就，恰恰相反，这是一个逐步深入、多次反复循环、螺旋上升的过程。

系统动力学研究解决问题的方法是一种定性与定量结合，系统、分析、综合与推理的方法。它是定性分析与定量分析相统一，以定性分析为先导，定量分析为支持，两者相辅相成，螺旋上升逐步深化、解决问题的方法。按照系统动力学的理论、原理与方法分析实际系统，建立起定量模型与概念模型一体化的系统动力学模型，决策者就可以借助计算机模拟技术在专家群体的帮助下，定性与定量地研究社会、经济系统问题，进行决策。

这是建立模型与运用模型的统一过程。在其全过程中，建模人员必须紧密结合实际、深入调查研究，最大限度地收集与运用有关该系统及其问题的资料和统计数据；必须做到与决策人员和熟悉该系统的专家人员密切结合，唯此才能使系统动力学的理论与方法成为进行科学决策的有力手段。

这个过程大体可分为五步（如图 7-5）。首先要用系统动力学的理论、原理和方法对研究对象进行系统分析；其次进行系统的结构分析，划分系统层次与子块，确定总体的与局部的反馈机制。第三步是建立数学的、规范的模型；第四步是以系统动力学理论为指导，借助模型进行模拟与政策分析，可进一步剖析系统得到更多的信息，发现新的问题然后反过来再修改模型；第五步为检验评估模型。

1. 系统分析

系统分析是用系统动力学解决问题的第一步，其主要任务在于分析问题，剖析原因。

（1）调查收集有关系统的情况与统计数据；

（2）了解用户提出的要求、目的与明确所要解决的问题；

（3）分析系统的基本问题与主要问题，基本矛盾与主要矛盾、主要变量；

（4）初步划定系统的界限，并确定内生变量、外生变量与输入量；

（5）确定系统行为的参考模式。

2. 系统的结构分析

这一步主要任务在于处理系统信息，分析系统的反馈机制。

（1）分析系统总体的与局部的反馈机制；

（2）划分系统的层次与子块；

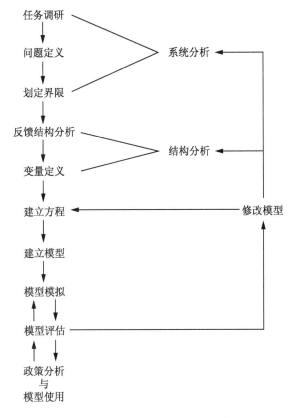

图 7-5　系统动力学主要过程与步骤

（3）分析系统的变量、变量间关系、定义变量（包括常数），确定变量的种类及主要变量；

（4）确定回路及回路间的反馈耦合关系，初步确定系统的主回路及它们的性质，分析主回路随时间转移的可能性。

3. 建立数学的规范的模型

（1）建立 L、R、A、C 等方程；

（2）确定与估计参数；

（3）给所有 N 方程、C 方程与表函数赋值。

4. 模型模拟与政策分析

（1）以系统动力学的理论为指导进行模型模拟与政策分析，更深入地剖析系统；

（2）寻找解决问题的决策，并尽可能付诸实施，取得实践结果，获取更丰富的信息，发现新的矛盾与问题；

（3）修改模型，包括结构与参数的修改。

5. 模型的检验与评估

这一步骤的内容并不都是放在最后一起来做的,其中相当一部分内容是在上述其他步骤中分散进行的。

7.1.4 BP神经网络法

人工神经网络(ANN)是通过对生物的神经网络结构和功能进行模拟以达到信息处理的目的,它能同时处理定性和定量的问题。神经网络以神经元作为基本单位。神经元携带着大量的信息,并通过一定的方式连接,组成一个类似生物神经传播的结构,以实现对人体大脑运行机制的模拟。参考生物的神经元系统,构造一个最基本的神经元模型,结构如图7-6所示。

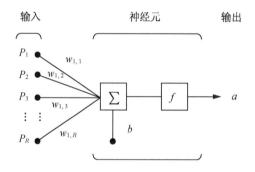

图7-6　神经元模型结构图

从图中可以看出一个基本的神经元模型由5个部分组成。

(1) 输入向量:$p=[pp_1,pp_2,\cdots\cdots,pp_{RR}]$,$p$表示神经元的输入向量。

(2) 权值向量和阈值:两个神经元之间的连接权值,用R维行向量表示,代表两个神经元之间的连接强度:$w=[ww_{(1,1)},ww_{(1,2)}\cdots\cdots,ww_{(1,RR)}]$,权值可正可负。权值为正表示突触为兴奋型,权值为负表示突触为抑制型。用θ表示神经元的阈值。通过对权值向量和阈值的调节来实现神经网络的学习。

(3) 求和单元:求和单元指的是对输入的信息全部进行加权求和,这标志着由此开始对输入信号进行处理。

(4) 传递函数:f表示神经元之间的传递函数,也被称作激活函数。它的主要功能有:控制输入对输出的激活;限制输入变换和输出范围;对输入和输出进行函数转换。

(5) 输出:输入信息经过求和单元计算后,再经传递函数进行处理,得到输出结果:$a=f(w,pb)$。输出结果可以为数值,也可以是一个n维向量。

7.1.4.1　BP神经网络的工作原理

BP神经网络又称为误差回传神经网络,它属于多层前馈网络,其学习方式是:信息向前传播,误差向后传播,并不断地修正误差、调节网络参数,最终建立可靠模型。BP神经网络由输入层(Inputlayer)、输出层(Outputlayer)以及若干隐含层(Hidelayer)构成。层与层之间以及每层内部都由神经元组成。层内神经元通过并行的方式连接,层间神经元通过完全互连的方式连接[20]。

BP神经网络将信息输入给输入层的神经元,输入层神经元经过加权之和,将结果传递给隐含层;输入信息经过隐含层处理后,经过相关神经元进行加权之和,并把结果传递到输出层,这样就完成一次传播过程。学习过程中,输出结果需与最初设定的目标输出值相符,若不能满足,则应计算出目标输出值与实际输出值之间的误差,然后将误差反向传播。误差通过梯度下降的方式来对权值不断地修正,并通过输出层逐层进行反馈。通过不断地信息传播和误差回传,直到能输出希望的结果为止,即学习完成。然后再输入几组样本数据对网络模型学习结果进行验证,验证成功后即可将该模型应用到所有相关的数据中。最典型的BP神经网络结构为三层前馈网络,其包含一个输入层、一个隐含层以及一个输出层。这里以三层前馈网络结构为例,具体结构见图7-7。

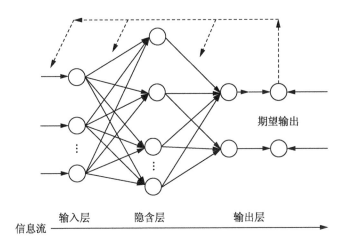

图 7-7　BP 神经网络三层前馈结构图

7.1.4.2　BP 神经网络三层单元数的确定

输入层用来接收外界信息,它的节点数取决于选取的特征向量维数,即风险因子的个数,包括指标体系里所有的二级指标。

输出层节点数的确定与输入向量元素所对应的结果值的类型以及数据的大小

情况相关。在本项目中决定采用综合风险值作为输出层的结果。若综合风险值的大小是[0,1]区间里一个数,则模型的输出节点数为1;若综合风险值的大小采用多维向量表示,模型的输出则为对应维数的向量。

一般来说,隐含层设置的神经元越多越好,因为增加神经元个数可以让神经网络构建出较复杂的映射关系,让模型有足够的获取样本信息的能力,从而提高模型网络的精度,然而节点数过多又会造成过拟合现象。因此,要建立合理的神经元模型,设置恰当的隐层节点数是非常重要的。一般来说,隐含层的单元数可通过下面几个经验公式确定。

$$J = \sqrt{n+m} + a \tag{7-5}$$

其中:J 为隐含层单元数;m 为输出层节点数;n 为输入层节点数;a 为 $1\sim10$ 之间的常数。

Kolmogorov 定理:

$$J = 2n + 1 \tag{7-6}$$

其中:n 为输入单元数;J 为隐含层单元数。

$$J = \log_2 n \tag{7-7}$$

其中:n 为输入节点数;J 为隐层单元数。

7.1.4.3　BP 神经网络训练层参数

BP 神经网络需要设置的训练参数有两个:传递函数和训练函数。传递函数一般有两种:① Sigmoid 函数(S 型函数),该函数是对非线性进行模拟。它包括 tansig 函数和 logsig 函数;② Purelin 函数(纯线性函数),要求数据的输出为任意值。训练函数也称为学习函数,是构成 BP 神经网络的一个重要部分。常见的 BP 神经网络学习函数及其适用性见表 7-3。

表 7-3　BP 神经网络学习函数及函数特征表

学习函数	函数特征
traingd	收敛速度慢,容易导致学习过程中产生震荡
traingdx	收敛速度比 traingd 函数快,但仅适用于批量训练
trainrp	收敛较快,占用数据的存储空间较小,仅适用于批量训练情况
rtaincgf	收敛速度很快,适用于连接权数量很多情形,占用空间最小的变梯度算法
traincgp	存储数据的空间较 rtaincgf 函数略大,但性能高于 rtaincgf 函数
traincgb	性能略好于 traincgp 函数,但存储空间较之略大

学习函数	函数特征
trainscg	相对于其他变梯度算法迭代次数更多,但在迭代中不需要线性搜索,因此最大限度地降低了每次迭代的计算量
trainoss	变梯度与拟牛顿算法的折中
trainlm	对中等规模的前馈网络的最快速算法

7.1.4.4　BP 神经网络主要步骤

（1）首先进行网络初始化,设输入层 n 个节点,隐含层 j 个节点,输出层 m 个节点,给定误差函数 e,计算精度 ε 以及最大学习次数 M；

（2）随机选取第 k 个输入样本及其期望输出；

$$X(k) = (x_1(k), x_2(k), \cdots, x_n(k)) \tag{7-8}$$

$$Y(k) = (y_1(k), y_2(k), \cdots, y_m(k)) \tag{7-9}$$

（3）计算隐含层各神经元的激活值；

$$S_j = \sum_{i=1}^{n} (w_{ij} x_i) - \theta_j \tag{7-10}$$

式中：n 是输入层单元数；w_{ij} 是输入层至隐含层的连接权值；θ_j 是隐含层单元的阈值,$j=1,2,\cdots,p$,p 是隐含层单元数；激活函数采用 S 型函数：

$$f(x) = \frac{1}{1 + \mathrm{e}^{-x}} \tag{7-11}$$

计算隐含层 j 单元的输出值：将上面的激活值即公式（7-10）代入激活函数即公式（7-11）中可得隐含层 j 单元的输出值,同时阈值 θ_j 在学习过程中与权值 w_{ij} 不断被修正。

$$b_j = f(S_j) = \frac{1}{1 + \mathrm{e}^{\sum\limits_{i=1}^{n} (w_{ij} x_i) - \theta_j}} \tag{7-12}$$

（4）计算输出层第 t 个单元的激活值 O_t 以及输出层第 t 个单元的实际输出值 $C_t = f(O_t)$,

$$O_t = \sum_{j=1}^{p} (w_{jt} x_j) - \theta_t \tag{7-13}$$

式中：w_{jt} 是隐含层至输出层的权值；θ_t 是输出层单元阈值,$j=1,2,\cdots,p$,p 是隐含层单元数；x_j 为隐含层第 j 个节点的输出值。f 是 S 型激活函数。$t=1,2,\cdots,q,q$ 为输出层单元数。利用以上各公式,能够计算出一个输入模式的正向传播过程。

（5）在正向模式传播计算中得到了网络的实际输出值,当这些实际输出值与

期望输出值不一样或者误差大于所限定的数值时,就要对网络进行校正;输出层的校正误差:

$$d_t = (y_t - c_t)f'(O_t) \tag{7-14}$$

式中:$t=1,2,\cdots,q$,q 是输出层单元数;y_t 是期望输出;c_t 是实际输出;$f'(O_t)$ 是对输出函数求导数。

(6)隐含层各单元的校正误差如下式:

$$e_j = \sum_{t=1}^{q}(w_{jt}d_t)f'(S_j) \tag{7-15}$$

(7)对输出层至隐含层连接权和输出层阈值进行校正,对隐含层至输入层同样进行校正。

主要建模步骤示意图见图 7-8。

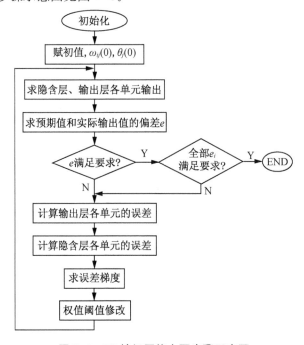

图 7-8　BP 神经网络主要步骤示意图

(8)为使网络的输出误差趋向于极小值,BP 网络输入的每一组训练样本模式,一般要经过多次的循环记忆训练,及正向反向传播模式,才能使网络记住这一模式。

(9)当每次循环记忆训练结束后,都要进行学习结果的判别。检查输出的误差是否已经小到达到最初设定的要求。假设已达到,则结束整个学习过程,否则还要继续进行如下循环训练。

7.2 工程运行风险的基本概念

7.2.1 基于多源信息的运行风险因子识别

风险识别是指通过对大量来源可靠的信息资料进行系统分析,找出风险之所在和引起风险的主要因素,是找到事故原因并采取相应措施的关键。风险识别包括对风险源、事件及其原因和潜在后果的识别。进行风险识别,不仅要辨认所发现或推测的因素是否存在不确定性,而且还需确认此种不确定性是否是客观存在的。只有符合这两点的因素才可视为风险。

常用的风险识别方法有层次分析法、故障树法、头脑风暴法、德尔菲法等。风险识别方法各有适用性与优缺点,前两种的适用性相对较广,后两种可称为专家调查方法,主要缺点在于受到的主观影响比较大。

因此,为了尽量消除主观因素的影响,本书主要通过分析历史险情信息、现场监测数据及人工巡查信息等找出工程风险源。

7.2.2 复杂引调水工程风险类型

调水工程运行风险复杂多变,不可能也没有必要对风险进行逐一分析,为了能在简化风险分析过程的同时尽可能全面地考虑到不同风险事件,有必要对风险进行分类。根据已知的风险类型划分方法,风险的分类主要有按风险来源分类、按风险后果类型分类及按风险后果严重程度分类等。不同风险分类方法的侧重点不同,例如:按照风险来源进行分类有助于人们在危险发生前采取措施控制风险;按照风险后果类型进行划分,有助于在人们在危险发生后全方位意识到风险带来的各种危害并针对性地采取措施;按照风险后果严重程度进行分类,可以使决策者在面对多种风险时投入更多的精力处理高风险事件。

本书在后续对南水北调中线工程的险情诊断过程中主要涉及风险来源及风险后果类型,因此分别对这两种分类方式进行介绍。

7.2.2.1 按风险来源进行分类

按照风险来源进行分类,可将风险划分为自然风险、工程风险和人为风险。

1. 自然风险

考虑输水线路沿线水文、气象及区域构造稳定性,由自然环境作用造成财产损失和人员伤亡的风险属于自然风险。根据前文分析可知,调水工程常受到的自然风险威胁主要指暴雨洪水、地震、极端天气等。

2. 工程风险

对于南水北调工程来说,由于建设工期长、线路长,可能存在潜在工程隐患或未能及时处理的工程缺陷,如结构裂缝、潜在渗漏通道等,工程缺陷的存在会加速工程系统安全性的恶化,应当引起足够重视。除此之外,工程风险还包括工程设计质量、施工质量、建筑材料性能、金属结构及设备的制作安装质量等引起的风险。

3. 人为风险

人为风险又可分成行为风险、经济风险、技术风险、政治风险、组织风险和社会风险等。本书认为调水工程运行期间,人为风险主要指人类活动导致的风险,如误操作、采砂、违规建设等对调水工程造成切实影响的行为。

7.2.2.2 按风险后果类型进行分类

本书将风险后果分为社会风险、供水风险、生命风险。

1. 社会风险

社会风险是指调水工程在出现不同险情时导致社会冲突、危及社会稳定秩序的程度及可能性。调水工程投资规模巨大,同时沿线区域社会经济条件差异明显,涉及的相关利益群体庞大、关系复杂,因此对于这些区域来说,工程运行情况成了关注重点,一旦出现意外必将引发一系列社会问题,进而带来严重的后果。

2. 供水风险

供水风险是指工程由于出现问题导致无法满足供水需求的风险。调水工程作为工程与自然相互耦合而成的复杂的、动态的系统,其运行调度总是伴随着各种不确定性因素,存在着各种风险,其中由于调水系统输入变量(来水量)、输出变量(泄、耗、用水量)的不确定性而引起的风险是人们关注的中心问题之一。

3. 生命风险

根据大坝生命风险的定义,生命风险分为个人生命风险及群体生命风险,是指具有溃坝风险的大坝对于下游可能淹没范围内的个体或群体生命构成的生命基本风险之外的潜在附加风险。类比大坝生命风险,调水工程的生命风险即输水线路的存在对沿线区域的风险人口生命构成的潜在附加风险。

7.3 基于系统动力学方法的引调水工程风险分析

7.3.1 基于系统动力学的渠道堤防工程风险分析

通过前文分析与研究可知,渠道堤防工程常见的破坏模式可分为漫溢、失稳、渗透破坏三种类型。漫溢是由于局部堤防高程不足,从而出现洪水从堤顶漫出的险情。如不及时对堤防进行加高培厚,将导致坝堤决口。堤防失稳可分为局部和宏观两方面,主要表现为跌窝、裂缝、脱坡、崩岸、滑坡和地震险情等,堤防失稳受到多方面因素共同影响,内部因素包括土壤性质、工程质量,外部因素包括超标水位、地震荷载等。而渗透破坏在实际工程中最为普遍且大多在堤防内部产生渗流通道,若发现不及时或抢险措施不得当,将会造成严重后果。其中渗透破坏又可分为堤身渗透破坏和堤基渗透破坏,堤身渗透破坏主要表现为漏洞、集中渗流和散浸等,堤基渗透破坏常表现为土层隆起、砂沸、浮动、膨胀等。

应用系统动力学的主要原理,构建 SD 模型,本节构建的模型主要建立在已有现场调研资料的基础上,将堤防断面型式分为全挖方断面、全填方断面、半挖半填断面三种类型。全挖方断面发生的主要防洪风险是外水入渠,会造成漫顶、堤坡冲刷失稳及其他工程结构风险,主要受暴雨影响,同时截流沟效果不佳、堤高不足等原因也会增加水位超标的风险。全填方断面易出现失稳、渗透破坏等险情,受到多方面因素的影响,各因子之间的相互作用关系也需要进一步分析,如地质缺陷、地震等因素会增加裂缝出现的风险,如不及时维护,裂缝的存在也会增加发生地震时堤防出现险情的风险,这三者之间的相互影响都是正向的,为一个正反馈环,以此类推。建模是反复性的,需要在实践中不断完善、学习以减少误差,最终达到良好的模拟精度。在初始模型中,由于存在大量正反馈回路,为了避免出现系统不稳定,引入了管理因素,使得当模型中某一因子出现波动时系统不至于出现大幅度偏离稳定状态的情况。如当裂缝出现时,维护水平的增加可有效减少由裂缝引起的风险。因此,本书建立的堤防工程风险分析评价体系如图 7-9 所示。

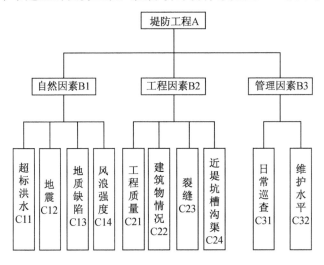

图 7-9 堤防工程风险分析评价体系

运用 Vensim 软件建立堤防工程风险识别反馈模型,对风险因子进行定性分析。结合相关工程经验,分析整理各风险因子间客观存在的因果关系。建立如图 7-10 所示的堤防工程风险识别反馈模型。其中,正号代表增强堤防工程风险发生的可能性,负号代表减弱风险发生的可能性。

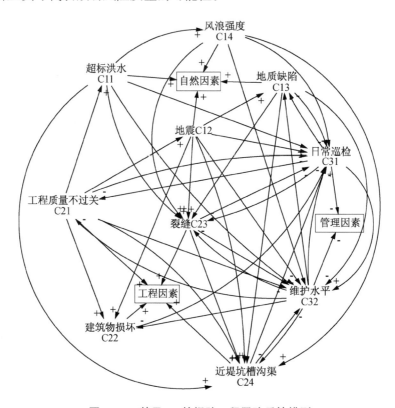

图 7-10   基于 SD 的堤防工程风险反馈模型

对反馈模型进行分析,通过比较各个风险因子反馈回路的数量得到其相对重要程度。各风险因子反馈回路数量见表 7-4。

表 7-4   堤防工程风险因子反馈回路表

风险类型	风险因子	反馈回路数量
自然因素 B1	超标洪水 C11	92
	地震 C12	82
	地质缺陷 C13	130
	风浪强度 C14	46

风险类型	风险因子	反馈回路数量
工程因素 B2	工程质量 C21	211
	建筑物情况 C22	41
	裂缝 C23	152
	近堤坑槽沟渠 C24	148
人为因素 B3	日常巡查 C31	229
	维护水平 C32	228

由于反馈模型较为复杂,回路众多,此处只列举了反馈回路数量较多的风险因子及其部分反馈回路,如表 7-5 所示。

表 7-5　堤防工程风险因子反馈回路

风险类型	风险因子	回路编号	回路描述
管理因素 B3	日常巡查 C31	1	C31→—C21→+C12→+C13→+C23→+C24→—C32→—C22
		2	C31→—C13→+C23→+C24→—C32→—C21→+C11→+C14
		3	C31→—C21→+C11→+C14→+C24→—C32→—C13→+C23
		4	C31→—C13→—C32→—C21→+C11→+C14→+C23→+C24
		5	C31→—C13→+C24→—C32→—C21→+C11→+C14→+C23
		6	C31→—C13→+C23→—C32→—C21→+C11→+C14→+C24
		7	C31→—C21→+C11→+C14→+C24→—C32→—C22
		8	C31→—C21→+C11→+C14→—C32→—C13→+C23→+C24
		9	C31→—C21→+C11→+C24→—C32→—C23
		10	C31→—C23→+C24→—C32→—C21
工程因素 B2	工程质量 C21	1	C21→+C11→+C14→+C23→+C24→—C31→—C13→—C32
		2	C21→+C12→+C13→+C23→+C24→—C32→+C22→—C32
		3	C21→+C12→+C22→—C31→—C13→+C23→—C24→—32
		4	C21→+C12→+C24→—C32→—C13→+C23→—C31
		5	C21→+C11→+C14→—C32→—C13→+C24—31
		6	C21→+C11→+C14→+C23→+C24→—C31→—C32

风险类型	风险因子	回路编号	回路描述
工程因素B2	工程质量C21	7	C21→+C12→+C24→C31→C13→+C23→C32
		8	C21→+C12→+C23→C32→C24→C31
		9	C21→+C11→+C14→C32→C22→C31
		10	C21→C22→C31→C13→+C24→C32
工程因素B2	裂缝C23	1	C23→+C24→C31→C13→C32→C21→+C11→+C14
		2	C23→C31→C13→+C24→C32→+C21→+C11→+C14
		3	C23→C32→C13→+C24→C31→C21→+C11→+C14
		4	C23→C31→C21→+C11→+C14→C24→C32→C13
		5	C23→C31→C13→+C24→C32→C21→+C12
		6	C23→+C24→C31→C21→+C11→C32→C13
		7	C23→C31→C13→+C24→C32→C21→+C11
		8	C23→C31→C21→+C12→C13→C32
		9	C23→+C24→C32→C21→C31→C13
		10	C23→+C24→C32→+C31→C13
自然因素B1	超标洪水C11	1	C11→+C14→C32→C13→+C23→+C24→C31→C21
		2	C11→+C14→+C23→+C24→C31→C32→C21
		3	C11→+C14→+C23→C22→C31→C21
		4	C11→C32→C13→+C23→+C24→C31→C21
		5	C11→+C23→+C24→C32→C22→C31→+C21
		6	C11→+C14→C31→C13→+C23→C32→C21
		7	C11→C32→C23→+C24→C31→C21
		8	C11→+C14→+C24→C31→C32→C21
		9	C11→+C24→C31→C32→C21
		10	C11→+C23→+C24→C31→C21

从回路的数量来看,各风险因子对堤防工程安全的影响大小依次为:维护水平>日常巡查>工程质量>裂缝>近堤坑槽沟渠>建筑物情况>地质缺陷>超标洪水>地震>风浪强度。

在三种风险类型中,管理因素的引入起到了平衡整个反馈模型的作用。管理水平的提高能够对其他因子产生负反馈作用,降低其风险水平,使得系统具有一定的自我调节能力。适当地进行人为干预,如加强管理、及时维护等,实际上就是增加了工程系统内部的负反馈回路,使得系统在一定程度上缩小相对于初始稳定状态的偏离。如"工程质量"与"维护水平",如果工程质量过硬,在后期进行维护时压力将有所减小,即在后期维护这一环节出现风险的概率较小。相应地,如果后期维护到位的话,也能一定程度上弥补工程质量不足带来的风险,这两者之间的关系即体现了通过人为干预增加系统内部负反馈环,进而增加系统稳定性的过程。

为了验证此反馈模型结果的合理性,此处引用相关文献中利用层次分析法对堤防工程进行风险评价得到的结果进行对比。为了更加直观地进行比较,将前文中 SD 模型中各反馈回路的数量换算为其占总数的权重,由于层次分析法中难以考虑管理因素,故在将 SD 模型结果换算为权重时,也未考虑管理因素。见表 7-6。

表 7-6　权重对比表

类型	风险因子	层次分析法权重计算结果	SD 模型权重计算结果	层次分析法权重计算结果(剔除 C11、C12)	SD 模型权重计算结果(剔除 C11、C12)
自然因素 B1	超标洪水 C11	0.357 0	0.102 0	—	—
	地震 C12	0.111 0	0.091 0	—	—
	地质缺陷 C13	0.100 0	0.144 0	0.188 0	0.178 5
	风浪强度 C14	0.046 0	0.051 0	0.086 5	0.063 2
工程因素 B2	工程质量 C21	0.151 0	0.234 0	0.283 8	0.290 1
	建筑物情况 C22	0.033 0	0.045 0	0.062 0	0.055 8
	裂缝 C23	0.102 0	0.168 5	0.191 7	0.208 9
	近堤坑槽沟渠 C24	0.100 0	0.164 1	0.188 0	0.203 4

类型	风险因子	层次分析法权重计算结果	SD模型权重计算结果	层次分析法权重计算结果（剔除C11、C12）	SD模型权重计算结果（剔除C11、C12）
管理因素 B3	日常巡查 C31	—	—	—	—
	维护水平 C32	—	—	—	—

由层次分析法得到的权重大小依次为:超标洪水＞工程质量＞地震＞裂缝＞近堤坑槽沟渠＝地质缺陷＞风浪强度＞建筑物情况。其中,超标洪水、工程质量、地震的权重较大,而SD模型得到的结果中超标洪水和地震的权重相较于其他因子较小。表7-6中还列出了将超标洪水和地震这两个因子剔除后的权重计算结果,两种方法得到的结果除了地震和超标洪水这两个风险因子有所不同以外,其他因子之间的相对大小关系基本一致,均为工程质量＞裂缝＞近堤坑槽沟渠＞地质缺陷＞风浪强度＞建筑物情况。

通过对比两种结果,结合两种分析方法自身的特点,推测造成这种差异的原因有以下三点:

(1)各风险因子所占权重与普遍性相关。在SD模型中,工程质量作为任何工程都需要严格把控的因子,所占比重最大,而地震发生频率与工程所处地区联系紧密,各工程之间差异大,故其所占比重较小。层次分析法具有较强的主观性和针对性,分析过程中需要有完备的专家系统支持,主要指标把握不合理、经验不足或者调查不够充分等原因都可能使结果产生较大误差。其次,层次分析法在指标过多时统计量大,后续增减指标操作复杂。

(2)层次分析法与SD反馈模型本质上有差别。采用层次分析法构建判断矩阵进行两两比较,实际上是一个"优胜劣汰"的过程,依靠的是专家主观的判断,并没有考虑因素之间的联系。SD反馈模型只需确定风险因子间客观存在的因果关系,使模型局部关系简洁清晰,相较于层次分析法,省去了大量依靠主观判断的步骤,如比较两两风险因子间重要性程度等,极大程度上减少了人为干扰,因而更为客观真实。

(3)基于SD理论的反馈模型在建模阶段对风险因子的识别要求较高。SD反馈模型尽管具有一定的拟合程度,但为了使得模型具有普适性,需要分析到基层次,否则将无法形成闭合的回路。SD反馈模型在对小型系统进行模拟时,由于其内部变量较少,难以形成大量回路,在增减指标时,结果差异性较大。模型变量的数目随着分析的深入增加,SD模型增减变量操作简单。风险因子越全面、与工程系统的关联性越高,构建的反馈模型仿真精度越高,得出的结论越精确。

7.3.2 基于系统动力学的倒虹吸工程风险分析

在大型引调水工程中,倒虹吸以其独特功能成为最重要的建筑物之一,同时也是数量最多的河渠交叉建筑物类型,其分布广、工程差异较大,具有输水能力强、允许水头损失小、管身长等特点,一般由进口斜管段、水平管段与出口斜管段组成。本书选择倒虹吸管身失稳作为潜在的风险事件进行分析。倒虹吸管身失稳的模式主要有管身抗浮失稳、斜管段抗滑失稳、管身倾斜以及不均匀沉降等[93]。根据工程风险的定义,结合大量实际交叉建筑物工程运行过程中出现的问题,本书进一步将工程风险的风险源分为自然、工程、人为和管理四个方面。风险因子中,如暴雨洪水、地质灾害、日照、高温、沙尘天气、环境污染等极端气象为自然风险要素,材料特性、施工质量、闸门故障、机电设备故障等工程质量问题属于工程风险要素,地形变化、产汇流变化、水位流量关系变化、地下水位变化等设计条件的改变及人为破坏等则属于人为风险要素,调度运行、巡查检修等管理因素则属于管理风险因素。导致管身抗浮失稳的主要原因有暴雨洪水、河势变化、地形变化以及管顶防护质量差造成的管顶覆土冲刷,还和倒虹吸管排空检修选择的检修时期和检修前或汛后是否对管顶覆土进行检查有关。此外,冲刷严重时,管身两侧回填土受冲刷掏空后,可能导致管身倾斜、管节横向错位等。导致斜管抗滑失稳的主要原因有地震、地下水位变化、上部裹头冲淤等。导致管身不均匀沉降的主要原因有地震、地质缺陷[94]、河道冲淤引起的上部荷载变化、内水外渗、地基沉陷[95,96]等。倒虹吸管身失稳风险分析评价体系如图7-11所示。

同样依据系统动力学方法对倒虹吸的风险进行识别,以层次分析法作为对比,进行讨论和验证。本节构建的模型基础主要来源于实地调研资料,收集了某引调水工程中近50处倒虹吸工程资料,利用前面提到的风险评价体系进行分析归纳并梳理其各风险因子间存在的客观因果关系,最终建立的倒虹吸管身失稳工程风险识别反馈模型如图7-12所示,图中正号代表增强倒虹吸风险发生的可能性,负号代表减弱风险发生可能性。

利用 Vensim 软件中反馈回路分析的功能,对反馈模型进行分析,通过比较各个风险因子反馈回路的数量得到其相对重要程度。由于反馈模型较为复杂,回路众多,此处只列举反馈回路数量较多的三个因子及其反馈回路,如表7-7所示。

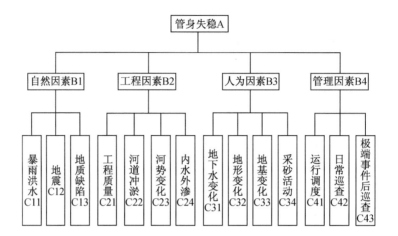

图 7-11　倒虹吸管身失稳风险分析评价体系

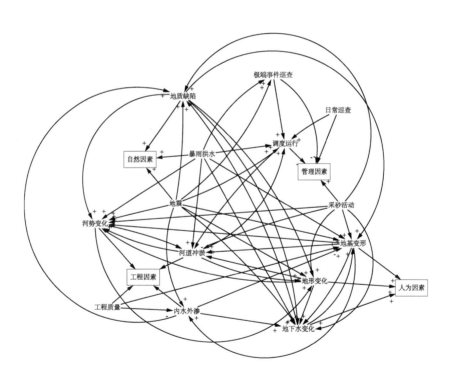

图 7-12　倒虹吸管身失稳工程风险识别反馈模型

表 7-7 倒虹吸管身失稳风险因子反馈回路

风险类型	风险因子	回路编号	回路描述
自然因素 B1	地质缺陷 C13	1	C13→+C31
		2	C13→+C32→+C31
		3	C13→+C33→+C24
		4	C13→+C33→+C31
		5	C13→+C23→+C32→+C31
		6	C13→+C31→+C33→+C24
		7	C13→+C33→+C24→+C31
		8	C13→+C23→+C22→+C32→+C31
		9	C13→+C33→+C23→+C32→+C31
		10	C13→+C33→+C22→+C32→+C31
		11	C13→+C32→+C31→+C33→+C24
		12	C13→+C33→+C23→+C22→+C32→+C31
		13	C13→+C23→+C32→+C31→+C33→+C24
		14	C13→+C22→+C23→+C32→+C31
		15	C13→+C23→+C22→+C32→+C31→+C33→+C24
工程因素 B2	河势变化 C23	1	C23→+C22
		2	C23→+C32
		3	C23→+C32→+C22
		4	C23→+C22→+C32
		5	C23→+C32→+C31→+C33
		6	C23→+C32→+C31→+C13
		7	C23→+C32→+C31→+C13→+C33
		8	C23→+C22→+C32→+C31→+C33
		9	C23→+C22→+C32→+C31→+C13
		10	C23→+C32→+C31→+C33→+C22
		11	C23→+C32→+C31→+C13→+C33→+C22
		12	C23→+C22→+C32→+C31→+C13→+C33
		13	C23→+C32→+C31→+C33→+C24→+C13
		14	C23→+C22→+C32→+C31→+C33→+C24→+C13

续表

风险类型	风险因子	回路编号	回路描述
人为因素 B3	地下水变化 C31	1	C31→+C33
		2	C31→+C13
		3	C31→+C13→+C32
		4	C31→+C13→+C24
		5	C31→+C33→+C24
		6	C31→+C13→+C23→+C32
		7	C31→+C33→+C22→+C32
		8	C31→+C33→+C23→+C32
		9	C31→+C13→+C33→+C24
		10	C31→+C33→+C24→+C13
		11	C31→+C13→+C23→+C22→+C32
		12	C31→+C33→+C22→+C23→+C32
		13	C31→+C33→+C23→+C22→+C32
		14	C31→+C13→+C33→+C23→+C32
		15	C31→+C33→+C24→+C13→+C32
		16	C31→+C13→+C33→+C22→+C32
		17	C31→+C13→+C33→+C23→+C22→+C32
		18	C31→+C33→+C24→+C13→+C23→+C32
		19	C31→+C13→+C33→+C22→+C23→+C32
		20	C31→+C33→+C24→+C13→+C23→+C22→+C32

从回路的数量来看,人为因素产生的影响最大,地下水变化有 20 条正反馈环,地形变化和地基变化各有 18 条正反馈环。其次是工程因素,河势变化有 14 条正反馈环,河道冲淤有 13 条正反馈环,内水外渗有 8 条正反馈环。自然因素中,地质缺陷有 15 条正反馈环。根据模型回路数量,影响最小的是管理因素。

在建立的模型中,绝大多数风险因子之间的影响都是正向的,甚至是双向的,形成正反馈环。正反馈环具有自我强化的效果,使得回路中变量的偏离增强。如河势变化与河道冲淤,这两个风险因子很少会有单独出现的情况。不论是由何种原因使得河势改变,都会带来冲淤条件的改变,继而再次影响河势,形成一个循环,最终两者都逐渐偏离初始状态。

在所列出的四种风险类型中,管理因素的引入起到了平衡整个反馈模型的作用。由于管理水平的提高,能够对其他因子产生负反馈作用,降低其风险水平,使得系统具有一定的自我调节能力。但从整个反馈模型来看,由于绝大多数都是正反馈环,明显这个系统的自我调节能力不足。一旦有风险发生,仅靠管理水平的提高是远远不够的。

从影响因素类型来看,两种分析方法得出的结果基本一致,均为人为因素≥工程因素>自然因素>管理因素。从风险因子来看,两种分析方法得出的结果差异较大。工程质量、暴雨洪水在由层次分析法得出的结果中所占比重最大,但在反馈模型中的回路数量较少,重要性程度较低。地形变化在反馈模型中的回路数量较多,但在层次分析法中得出的权重较小。

通过对比两种结果,结合两种分析方法自身的特点,推测造成这种差异的原因有以下三点:

(1)层次分析法与 SD 反馈模型本质上的差别。采用层次分析法构建判断矩阵进行两两比较,实际上是一个"优胜劣汰"的过程,依靠的是专家主观的判断,并没有考虑因素之间的联系。SD 反馈模型只需确定风险因子间客观存在的因果关系,使模型局部关系简洁清晰,相较于层次分析法,省去了大量依靠主观判断的步骤,如比较两两风险因子间重要性程度等,极大程度上减少了人为干扰,因而更为客观真实。

(2)层次分析法具有较强的主观性,分析过程中需要有完备的专家系统支持,主要指标把握不合理、经验不足或者调查不够充分等原因都可能使结果产生较大误差。其次,这种方法在指标过多时统计量大,后续增减指标操作复杂。

(3)基于 SD 理论的反馈模型在建模阶段对风险因子的识别要求较高。SD 反馈模型尽管具有一定的拟合程度,但为了使得模型具有普适性,需要分析到基层次,模型变量的数目随着分析的深入增加,SD 模型增减变量操作简单。风险因子越全面、与工程系统的关联性越高,构建的反馈模型仿真精度越高,得出的结论越精确。

7.4 长距离复杂引调水工程典型建筑物险情诊断方法

7.4.1 工程典型建筑物风险分级标准

在前文确定的风险因子评价体系的基础上,为进一步对险情等级做出判断,结合风险矩阵法建立了险情诊断综合评判方法。险情综合评分计算公式为:

$$R = \lambda F \qquad (7\text{-}16)$$

式中:λ 为建筑物等级系数;F 为现状险情评价得分,具体取值方式见 7.4.2 节。

假设最不利的情况,即所有因子达到 I 级,同时建筑物等级系数为 1,则 R_{max} 为 4,同时由于险情最低为 IV 级,则 R_{min} 为 1,因此参考《南水北调中线干线工程突发事件应急管理办法》(Q/NSBDZX 409.06)中对突发事件的定级标准,通过风险矩阵法对不同评分的险情进行分级:当 R 达到 R_{max} 的 75%以上时为 I 级险情,50%～75%为 II 级险情,25%～50%为 III 级险情,0～25%为 IV 级险情。具体定级标准及分值见表 7-8。

表 7-8　险情等级判断标准及对应分值

险情等级		I 级	II 级	III 级	IV 级
R		$3.25 < R \leqslant 4$	$2.5 < R \leqslant 3.25$	$1.75 < R \leqslant 2.5$	$1 < R \leqslant 1.75$
定性描述	事件影响范围	较大范围	一定范围	较大范围	小范围
	供水安全影响程度	供水中断	供水中断	供水安全受到影响	供水安全受到影响
	人员伤亡程度	重大人员伤亡	较大人员伤亡	一定人员伤亡	较小人员伤亡
	经济损失	重大经济损失	较大经济损失	一定经济损失	较小经济损失
预警颜色		红	橙	黄	蓝

7.4.2　险情诊断算法

考虑到建筑物本身所带有的工程属性,在对工程现状险情进行评价时,必须要考虑工程规模。因此,险情诊断分为两步,包括计算建筑物现状险情评价得分 F 和按建筑物等级确定系数 λ,通过两者乘积最终得到险情综合评分。

1. 计算建筑物现状险情评价得分 F

$$F = \sum_{n=1}^{\infty} G_n Q_n \qquad (7\text{-}17)$$

式中:Q 为因子对应的权重;n 为因子序号;G 代表该因子的最大险情级别对应的分数,如 I 级则 G 为 4,II 级则 G 为 3,III 级则 G 为 2,IV 级则 G 为 1。

2. 确定建筑物等级系数 λ

判断规则为:

(1) 若对象为边坡

① 填方高度≥15 m,系数为 1;

② 15 m>填方高度≥6 m,系数为 0.5;

③ 其他一般渠道,系数为 0.25。

(2) 若对象为建筑物(根据南水北调工程建筑物设计等级,一般有Ⅰ级建筑物、Ⅲ级建筑物):

① Ⅰ级建筑物系数为 1;

② Ⅲ级建筑物系数为 0.5。

7.5 险情诊断基本方法

在险情诊断方法的研究上,收集资料存在着困难,这主要是由于复杂引调水工程发生工程险情的历史资料相较过少,还未能构成具有大量信息的数据库,未能成为神经网络建模的样本,因此,本项目考虑应用已知险情因子及险情程度的相似工程作为样本数据,以南水北调中线工程的典型建筑物为例,构建 BP 神经网络诊断模型。

7.5.1 BP 神经网络构造步骤

学习样本为 $n=10$ 个相似工程的数据。从中随机选取 $(n-3)$ 个相似工程作为 BP 神经网络的训练数据,剩余 3 个作为检验数据。学习样本如表 7-9 所示。

表 7-9　学习样本的风险因子表

相似工程风险因子指标	相似工程 1	相似工程 2	…	相似工程 n
A_1	$a11$	$a21$	…	$an1$
A_2	$a12$	$a22$	…	$an2$
…	…	…	…	…
A_i	$a1i$	$a2i$	…	ani
B_1	$b11$	$b21$	…	$bn1$
B_2	$b12$	$b22$	…	$bn2$
…	…	…	…	…
B_j	$b1j$	$b2j$	…	bnj

相似工程风险因子指标	相似工程 1	相似工程 2	⋯	相似工程 n
C_1	$c11$	$c21$	⋯	$cn1$
C_2	$c12$	$c22$	⋯	$cn2$
⋯	⋯	⋯	⋯	⋯
C_k	$c1k$	$c2k$	⋯	cnk
综合风险值	$M1$	$M2$	⋯	Mn

表中的 $A_1,A_2,\cdots,A_i,B_1,B_2,\cdots,B_j,C_1,C_2,\cdots,C_k$ 分别是一级指标 A、B、C 对应的二级指标。其中 axy 代表了一级指标 A 里的第 x 个工程,第 y 个风险因子的风险评估值的大小,其中,$x=1,2,\cdots,n;y=1,2,\cdots,i;bxy$、$cxy$ 表达类似。Mx 是相似工程 x 的综合风险值,是对险情的定量评估与诊断。这些相似工程都是经过风险评估分析的,Mx 是通过一定的方法已经确定的。

模型的输入数据是应用随机方法抽取的 $(n-3)$ 个相似工程风险因子的风险值,用向量 $\boldsymbol{P}$ 表示。而输出数据则是这随机抽取的 $(n-3)$ 个相似工程的综合风险值,用向量 $\boldsymbol{T}$ 来表示。应用 Matlab 进行神经网络的训练。

$$\boldsymbol{P}=\begin{bmatrix} a11 & a21 & \cdots & al1 \\ a12 & a22 & \cdots & al2 \\ \vdots & \vdots & & \vdots \\ a1i & a2i & \cdots & ali \\ b11 & b21 & \cdots & bl1 \\ b12 & b22 & \cdots & bl2 \\ \vdots & \vdots & & \vdots \\ b1j & b2j & \cdots & blj \\ c11 & c21 & \cdots & cl1 \\ c12 & c22 & \cdots & cl2 \\ \vdots & \vdots & & \vdots \\ c1k & c2k & \cdots & clk \end{bmatrix} \tag{7-18}$$

$$\boldsymbol{T}=\begin{bmatrix} M1 & M2 & \cdots & Ml \end{bmatrix} \tag{7-19}$$

其中:$l=n-3$。

利用 Matlab 的神经网络拟合程序对数据进行学习训练。首先需要对一些参数值初始化设置。用 **P**、**T** 分别代表网络的输入、输出数据；Matlab 程序中的 show 代表了显示间隔；lr 代表网络学习效率；epochs 代表了学习次数，goal 为训练精度，当学习次数达到 epochs 的设定值或是实际输出值和理想值之间的误差小于 goal 的设定值时，训练学习即停止。

BP 神经网络进行训练以后，还需要对其正确性进行验证，以保证风险分析的精准性。检验的命令首先是定义输入值，将检验样本的风险因素值输入到网络中。再利用之前学习得到的输入值与输出值的映射关系，获得输出值，该值即采用 BP 神经网络计算出的检验样本的综合风险值，然后将其与检验样本实际综合风险值对比、验证。采用已建立并经过训练后的 BP 神经网络模型对实际工程进行综合风险值确定。

7.5.2　风险因子评估指标的建立

根据前面章节对南水北调引调水工程综合风险识别的研究可以发现，工程风险因子主要分为三类一级指标：自然风险因素、工程风险因素和管理风险因素。鉴于不同典型建筑物存在不同的二级风险指标，此处以初步建立的南水北调中线总干渠堤防工程风险评估指标体系为例，见表 7-10。

表 7-10　南水北调引调水工程综合风险评估指标表

	一级指标	二级指标
南水北调引调水工程综合风险评估指标	自然风险 A	暴雨洪水 A1
		地质灾害 A2
		极端天气 A3
	工程风险 B	施工质量 B1
		设计风险 B2
		地质勘测 B3
	管理风险 C	日常巡检 C1
		人员维护水平 C2
		监测材料设备 C3

7.6　典型建筑物险情诊断案例——以某渠道边坡失稳为例

为验证提出的险情诊断方法的可行性，本节以实际发生的某边坡失稳作为案例。某年某月某日,某地区突降特大暴雨,凌晨 2 点至上午 11 点降雨量达到 429.6 mm。本次汛情来势迅猛、破坏力强。强降水过后,某月某日 8 时,工巡人员发现一级马道出现裂缝。随后加强了该段的监察,17 时 30 分,该区域一级马道沥青混凝土路面发生沉陷破坏。险情发生渠段工程条件信息包括:边坡挖方深度大于 15 m,为抗震一般地段、强透水地层、强膨胀土地段、非湿陷黄土地段;换填黏土压实度为 0.96,非黏土相对密度为 0.70;有防冻措施;渠段内有排水倒虹吸 1 座,不靠近居民区等其他建筑物。现场出现破坏包括:① 路面沉陷区域长约 19 m、宽 1.5 m、深 20 cm,周边裂缝宽约 10 cm;② 共出现 7 块衬砌破坏,衬砌板已翘起、断裂;③ 边坡出现大面积散浸;④ 基础变形超10 cm,不均匀沉降最大为 4.2 cm,未出现河床冲刷、面板剥蚀及永久缝错台情况。针对以上情况,填写影响因子评价等级表 7-11。

表 7-11　某渠道边坡主要影响因子及评价等级

因素类型	影响因子	具体项目	等级	权重×等级对应分值
环境因素	暴雨洪水	24 h 累计降雨量(mm)	4	0.366
	地震	场地特性	2	0.043 5
	极端天气	气温变化	1	0.03
	地层岩性(膨胀土等级)	膨胀土等级	4	0.127
	地层岩性(湿陷等级)	黄土湿陷等级	1	0.031 75
	地层岩性(透水性)	透水性	4	0.127
	水位	外水位(m)	1	0.031
	运行条件变化	日水位变幅(m)	1	0.031
工程因素	工程质量	工程施工水平	1	0.018 5
		填方压实度	1	0.043 5
	工程缺陷	边坡裂缝情况	2	0.078
		衬砌裂缝情况	4	0.312
		衬砌破坏情况(cm)	4	0.312
		衬砌表面剥蚀面积	1	0.075
		沉降情况(mm)	2	0.068

因素类型	影响因子	具体项目	等级	权重×等级对应分值
工程因素	工程缺陷	深挖高填段	4	0.122
		淤堵长度	1	0.0305
人为因素	地形变化	河床冲刷	1	0.019
	人类活动	采砂情况	1	0.121
		与周边建筑物、村庄关系	3	0.024
	管理因素	管理水平	1	0.0185
建筑物系数				1
综合评分				2.03

由表 7-11 可知该案例综合评分为 2.03,对应知险情等级为 Ⅲ 级。对应表单填写情况见图 7-13。

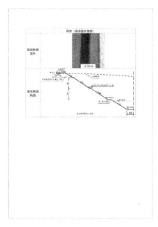

(a) 险情快速上报单   (b) 险情诊断报告单   (c) 附图

图 7-13 险情快速上报单与险情诊断报告单

7.7 本章小结

（1）本章基于复杂引调水工程运行风险分析的基础理论,重点论述了以风险来源及风险后果类型为主的两类风险类型划分方法,为后文险情影响因子的梳理及险情诊断级别的确定提供了理论基础。

（2）基于典型建筑物的破坏模式和系统动力学分析方法，综合考虑复杂引调水工程的运行特性，以堤防和倒虹吸工程为例，对各风险因子的权重进行进一步的分析，对比两种方法的最终结果发现，系统动力学可以很好地描述复杂风险因子间的相互关系，相对于层次分析法更能客观地对险情进行定性与定量的分析。

（3）依据典型破坏模式及影响因子评价体系两部分内容研究的结论，提出了复杂引调水工程风险分级标准，建立了险情诊断综合评价方法，包括以风险矩阵法和 BP 神经网络两种方法进行险情定级。

（4）根据风险矩阵法并参考相关应对突发事件的定级标准，构建了险情等级划分标准，并编制了相关险情表单，包括险情上报单、险情诊断报告单及相关附图文件。以某渠道边坡失稳为案例进行说明，研究了从险情信息收集、险情信息输入、险情级别诊断的全过程，实现了将险情上报到诊断的全过程标准化、程序化处理，大幅提高了应急响应效率。

8 长距离复杂调水工程安全运行智慧管理技术与示范平台

8.1 概述

调水工程系统复杂,不仅体现在工程线路长、跨度大、建筑种类多样,同时工程运行过程中信息来源多样、收集手段多样、数据量庞大,如何管理信息并快速摘取有效信息是提高工程管理效率的重要途径之一,也是后续应对突发险情快速做出应急决策的基础。本章主要对长距离复杂调水工程的智慧化信息管理技术进行了阐述,介绍了如何通过构建工程数据库、运行安全信息管理平台及大数据平台实现对庞杂信息进行有效利用。

8.2 历史险情库构建

8.2.1 典型建筑物与历史险情库

针对复杂引调水工程建筑物数量和类型众多,输水线路经过不同的自然环境区域,影响输水建筑物正常运行和加固维修的风险因素较多,且随着自然环境的不同而有所变化,本课题依托南水北调中线工程等引调水工程实践,收集了各类风险点共计 865 处,其中渠道 571 处,建筑物 294 处,这些重要基础资料是进行风险因子识别、破坏模式梳理及险情诊断的关键基础。

经对前述资料进行系统分析,系统梳理引调水工程典型险情及其相关因子,基于实体相关图,构建了典型建筑物库与历史险情库,如图 8-1 所示。

依据沿线的典型建筑物及其相关的三级编号,搭建典型建筑物数据库,其数据库中包括建筑物编号、建筑物管理处、建筑物名称、工程类型、桩号起点、桩号重点,其中工程类型主要囊括了复杂引调水工程中的倒虹吸、渡槽、涵洞、渠道、隧洞、闸、PCCP 管和其他建筑物共 8 种建筑物。而其建筑物编号主要是由一二级编号、三

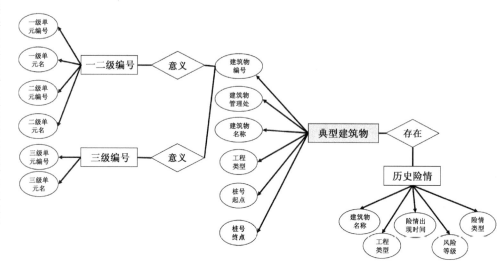

图 8-1　典型建筑物库与历史险情库

级编号数据库所决定的,两个数据库分别说明了各字母所代表的含义。

历史险情数据库中主要包含了建筑物名称、工程类型、险情出现时间、风险等级、险情类型几个因素,其中工程类型同典型建筑物数据库中的同一属性,此处的风险等级依据历史记录主要分成了1、2、3级。其中归纳的历史险情类型为:衬砌面板破坏、滑坡、抗浮失稳、抗滑失稳、漫顶溃决、渗漏破坏和淤堵7种。

8.2.2　工程因子库与灾变模式库

通过统计历史险情并分析其可能的风险路径,整理工程风险因子库,如图8-2所示。

风险因子数据库包括险情编码、工程类型、因子类型、因子名称、单位、权重、因子等级1条件、因子等级2条件、因子等级3条件、因子等级4条件,其中单位这一项更具体分为了定性和定量,若为定量类,则其因子等级条件1~4主要是由其因子的相关阈值决定,若为定性类,则其因子等级条件1~4主要为描述性的文字,权重的决定主要采用系统动力学进行分析研究,经过计算得出最终险情可能发生的路径,险情编码的定义旨在将险情种类与风险因子相关联。因子类型主要分为了环境因素、工程因素以及人为因素3种,根据目前不同工程类型和工程现状进行分析,将工程因素分为31个因子;环境因素分为16个因子;人为因素分为9个因子。

险情种类库包含工程类型、一类险情、二类险情以及险情代码,其中工程类型

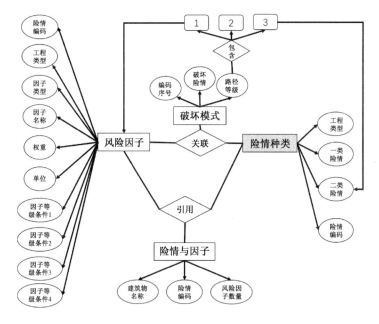

图 8-2　工程风险因子库

同典型建筑物的工程类型,而一类险情主要包括渗漏、失稳、淤堵和漫顶;而二类险情则需要由不同工程类型决定的详尽的险情描述。

险情与因子库的属性包含建筑物名称、险情编码以及风险因子的数量,另外为明确险情较易出现的风险走向,建立破坏模式库,包含编码序号、破坏险情以及路径等级,以此连接险情种类和风险因子之间的关系。

8.2.3　典型建筑物与灾变模式库

根据上述归纳,将工程典型建筑物与其可能存在的险情种类相关联(如图 8-3 所示),构建适用于引调水工程运行期的灾变模式库。

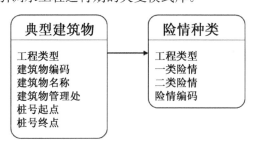

图 8-3　建筑物与灾变模式库的基本关联信息

整理已有的相关数据以及历史记录,导入至数据库中,为后续险情识别和多源信息融合快速诊断提供基础数据支持。其数据库相关构架如图8-4所示。

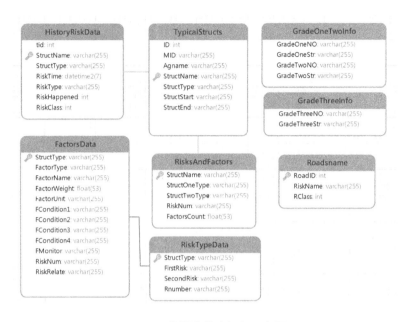

图 8-4　数据库基本框架示意图

8.3　长距离复杂调水工程运行安全信息智慧管理研究

8.3.1　长距离复杂调水工程安全智能巡检系统

大型调水工程是一项综合性的水利工程,工程往往涉及长达几百甚至上千千米的地域范围,包含水源工程、输水工程、供水工程等众多种类的工程建筑物,而且由于其线路长、工程穿越区域广,不可避免地需要面临各种复杂的地形、地貌和地质结构,特别是长距离复杂调水工程,其施工及运行条件极为恶劣。

大部分水工建筑物的突发事件的发生是有征兆的,能够通过巡视检查发现;巡视检查工作是通过人工巡检宏观地掌握工程安全状态,弥补监测仪器覆盖面的不足,及时发现险情,为监测资料的分析和评价提供客观的可能影响因素,具有全面性、及时性和直观性等特点。

巡视检查通常用眼看、耳听、鼻嗅、手摸、脚踩等直观方法,可辅以锤、钎、量尺、放大镜、望远镜、照相机、摄像机等工器具进行。如有必要,可采用坑(槽)探挖、钻孔取样或孔内电视、孔壁数字成像、注水或抽水试验、化学试剂、水下检查或水下电视摄像、超声波探测及锈蚀检测、材质化验或强度检测等特殊方式进行检查,重要部位可设置监控探头作为巡查点。

8.3.1.1 传统巡检存在的问题

由于巡视检查工作复杂、线路长、管理难度大以及现场巡视检查人员专业素质参差不齐等实际原因,传统的巡视检查工作存在着很多问题,具体表现在以下几个方面。

1. 巡检信息采集不规范、成果不易保存

按照规范要求,巡检人员一般携带纸质的巡视检查表,对巡检情况进行记录;而巡检记录表一般只能记录正常与否,或简单地描述;且不同巡检人员记录信息的详细程度不同,格式不统一,因此导致了获取的巡检信息不够规范,也影响到对巡检成果的应用。另外,纸质巡检成果不易保存,整编归档较为复杂,容易丢失,且无法快速查找及检索,不利于安全管理人员对历史巡视检查成果进行工程安全状态的分析和评价。

2. 巡检制度不完善、缺乏考核机制

目前,巡检工作的开展主要依靠水工监测人员自发进行,大部分工程没有完善的巡检制度及巡检规程,对于巡检的频次、部位定义不清晰,且对巡检工作没有审核、反馈的工作机制;另外,未对巡检工作开展针对性的考核,导致现场巡检人员不认真对待巡检工作,甚至根本未开展巡检工作,而是编造巡检记录,从而导致巡检工作流于形式,无法真正保障工程安全。

3. 巡检成果未进行有效应用

目前,巡检得到的成果一般是纸质版,无法直观展示现场真实情况,并且现场人员无法针对巡检发生的问题进行有效的处理,缺乏处置对策及方法,甚至会忽略一些隐患的存在,对水工建筑物的安全带来了很高的风险。

8.3.1.2 巡视检查类型

巡视检查包括日常巡视检查、特殊情况检查、专项检查和年度详查四种类型。

日常巡视检查由调水工程运行管理单位有经验的水工人员完成;年度详查和特殊情况的检查由调水工程运行管理单位组织完成;专项检查由调水工程运行管理单位组织具备相应专业能力的人员完成,也可委托有资质的第三方专业机构完成。

1. 日常巡视检查

指对检查对象进行的经常性巡视检查。每年汛期及汛前、汛后、枯水期、冰冻期,遭遇大洪水、发生有感地震或者极端气象、泥石流等情况时应加密巡查。检查结果以表格、照片、录像、素描等形式记录。

2. 特殊情况检查

指遭遇大洪水、发生有感地震或者极端气象、泥石流、库水位骤降和骤升等特殊情况时的检查。检查情况应形成报告。

3. 专项检查

指日常运行中需排查安全隐患、界定隐患程度，采取专业手段开展的检查。检查情况应形成报告。

4. 年度详查

指年底前开展的一次全面安全检查。综合日常巡查、特殊情况检查及专项检查成果，结合分析监测资料，审阅年度所有的运行、维护记录等资料，查找安全隐患和管理工作中存在的问题，提出下年度工作建议，形成检查报告。

8.3.1.3 巡视检查内容

现场检查应全面、准确、及时地反映建筑物的安全状况。调水工程运行管理单位日常巡视检查需结合自身建筑物布置、结构特点、运行性态以及现场检查的类别，制定适合于工程的现场检查技术规程，明确检查内容、方法、要求、路线和频次；应重视检查工况与建筑物响应的关系，重视与仪器监测成果的比对，对运行性态异常、仪器监测成果警示的部位要重点核查。特殊情况检查、专项检查和年度详查应制定检查方案和提出技术要求。

调水工程类型复杂，可能包含枢纽工程、输水工程等多种形式，下面以输水工程为例，说明现场巡视检查的项目和内容。

1. 进/出水口

（1）低水位或接近最低水位时，进水口前水流流态和不利吸气漩涡。

（2）进/出水口前漂浮物、堆积物出现堵塞或其他阻水现象。

（3）多泥沙河流，定期检查进水口前泥沙淤积情况，包括淤积高程、范围以及与进水口的相对空间关系。

（4）结构不均匀变形及基础沉降等。

（5）门槽、进水塔、排架柱等混凝土结构的裂缝、渗水、破损、冻融等。

2. 明渠

（1）结构混凝土表面裂缝、渗漏、析钙、淘刷、冻融等。

（2）结构伸缩缝开合度、止水结构破坏或止水材料失效等。

（3）结构不均匀变形及基础沉降等。

3. 埋藏式有压管道

（1）隧洞沿线山体和冲沟渗水变化情况、沿线边坡坍塌、滚石等异常现象。

（2）放空时混凝土衬砌内壁裂缝、渗漏、破损等，钢衬内壁锈蚀、鼓包及焊缝裂纹、渗水等。

（3）对于长隧洞，定期检查隧洞内壁水生物附着情况，隧洞或集渣坑积渣情况。

4. 明敷式有压管道

（1）混凝土衬砌外部裂缝、渗水、破损、冻融等。

（2）钢衬锈蚀、鼓包及焊缝裂纹、渗水等；钢衬外部保温设施完好情况。

（3）镇墩、支墩结构裂缝、基础变形和冲刷；支承环、支承环与墩座间变形等。

（4）管床的沉降、错动、开裂，管道沟槽排水畅通情况。

（5）钢衬伸缩节渗水、锈蚀、变形情况。

（6）跨沟管桥支撑结构不均匀变形及基础沉降等情况。

5. 排水系统

（1）钢衬外排水管渗水情况，包括渗水量、杂质或颗粒等。

（2）高压管道排水廊道、排水孔等渗水情况，包括部位、渗水量、杂质或颗粒等。

8.3.1.4 智能巡检系统总体架构

随着信息技术进步，结合 GPS、RFID、NFC 电子标签等物联网技术，运用智能移动终端，融合巡视检查流程，开发一套集巡检信息采集、存储、展示、分析及处置为一体的长距离复杂调水工程安全智能巡检系统，为工程巡检工作提供信息化平台。长距离复杂调水工程安全智能巡检系统包括 Web 版本系统，并配备移动APP，便于巡检人员实现移动巡检。

巡检人员可以通过巡检 APP 上传巡视检查图片、音频，录入巡检文字说明，有利于保存和管理巡视检查结果；另外在工程现场布设一定数量的 RFID 电子标签，要求巡检人员在巡检时进行验证，以检查巡检人员是否真正进行了现场巡检；同时，根据设定的巡检规程，在巡检系统中自动生成巡检任务，并提醒巡检人员及时完成巡检工作。

通过建立基于 RFID 技术的调水工程智能巡检系统，实现安全巡检模式的突破与创新，能够规范工程安全巡检工作，完成工程安全巡检信息的智能化感知和融合，从而显著提升工程安全管理及应急决策水平。

智能巡检系统总体架构如图 8-5 所示，主要分为工程现场层、巡检系统层以及用户层。

1. 工程现场层

主要巡视检查对象，包括水库大坝、水工隧洞、闸门及金属结构等部位，由巡检

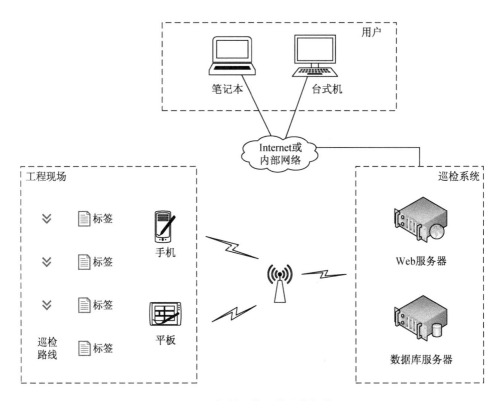

图 8-5　智能巡检系统总体架构

工作人员携带智能移动终端(智能手机或者平板电脑)进行现场巡视检查。

　　智能移动终端配备智能巡检 APP,实时记录巡检人员轨迹;另外,在现场主要巡检点布设一定数量的 NFC 电子标签,巡检人员到达巡检点时,使用巡检 APP 触碰电子标签,实现巡检打卡,确保巡检工作的真实性,规范现场巡视检查工作。

　　巡检人员在巡检过程中,可使用智能移动终端的麦克风、摄像机等录制对现场描述的语音、视频或拍摄现场照片,实现对巡检信息进行采集;采集信息可通过智能巡检 APP 实时上传至后台巡检系统。

　　2. 巡检系统层

　　一般为部署在中心机房的后台巡检系统,由 Web 应用服务器和数据库服务器组成,主要接收智能巡检 APP 上传的巡检信息,并提供 Web 系统服务。

　　3. 用户层

　　用户可使用笔记本或台式机,通过浏览器访问调水工程智能巡检系统,实现巡视检查信息的管理、展示、分析和考核。

8.3.1.5 智能巡检系统功能结构

基于新一代信息化技术,结合 RFID、NFC 电子标签等物联网技术,开发了调水工程安全智能巡检系统,为工程巡检工作提供信息化平台;调水工程安全智能巡检系统包括 Web 版本系统,并配备移动 APP,便于巡检人员实现移动巡检。

调水工程安全智能巡检系统划分为巡检计划管理、巡检成果管理、巡检隐患处置、巡检项目管理、巡检路线管理、巡检人员管理、巡检考核统计等 7 个功能模块。系统功能结构如图 8-6 所示。

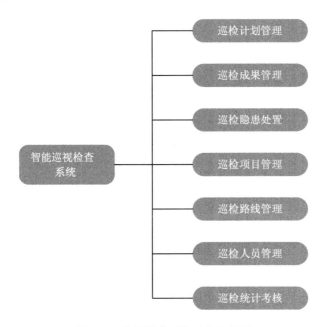

图 8-6　巡视检查系统功能结构图

1. 巡检计划管理

实现巡检计划管理,可根据巡检频次定时生成巡检任务,并在系统中提醒巡检人员执行巡检任务。

2. 巡检成果管理

巡检人员执行巡检计划后,将现场巡视检查成果上传至智能巡检系统中,系统能够对巡检成果进行管理,包括巡检的现场情况、NFC 电子标签现场打卡情况以及巡检轨迹。

3. 巡检项目管理

智能巡检系统提供了巡检对象、巡检部位以及巡检内容三级巡检项目管理,可根据调水工程巡视检查实际需要,自定义巡视检查项目,并可设置该巡检部位是否为 NFC 巡检点。

4. 巡检线路管理

用户可根据调水工程巡视检查实际需要,从巡视检查项目中选择必要的巡检项,自定义日常巡检线路、年度巡检线路及专项巡检线路等;巡检计划按照一定的巡检线路执行。

5. 巡检人员管理

系统能够定义参与巡检工作的人员,并明确其承担的巡检工作岗位以及是否具备巡检方案的审批权限。

6. 巡检统计考核

系统能够自动对一段区间内的巡检次数、巡检完成率以及巡检发生的异常情况进行统计,并可据此对巡检人员进行考核。

7. 巡检 APP

配套开发了移动巡检 APP,能够现场采集巡检图片、视频、语言,并添加巡检描述,支持巡检成果的批量上传、巡检点 NFC 打卡等功能。

结合相关规范、规程,本课题研发了长距离复杂调水工程安全智能巡检系统,支持巡检线路、巡检项目的自定义,并实现了移动巡检,相关系统界面如图 8-7 至图 8-10 所示。

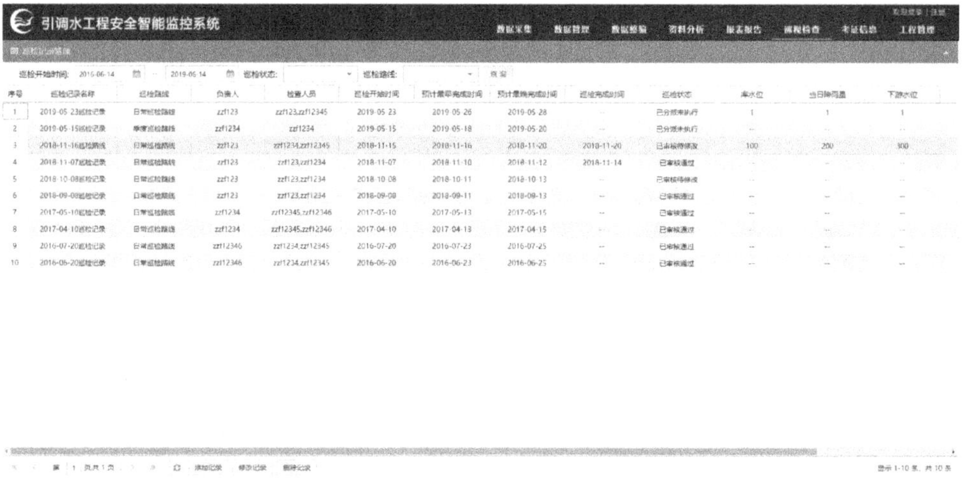

图 8-7　巡检计划管理

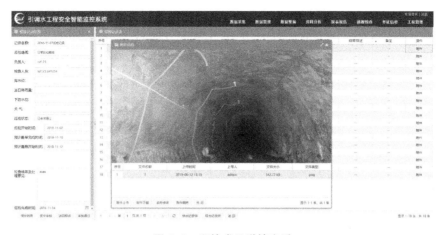

图 8-8　巡检成果详情查看

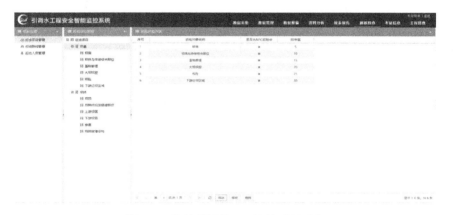

图 8-9　巡检项目管理—巡检项目列表

图 8-10　巡检项目管理—巡检路线管理

8.3.2 安全实时监测及预警智慧管理平台

8.3.2.1 系统研发需求

为充分保障长距离复杂调水工程安全,除了在工程现场布设一定数量的监测仪器及采集设备之外,迫切需要开发一套长距离复杂调水工程安全实时监测及预警智慧管理平台,为用户提供一套功能齐全、简单易用、维护方便的安全监测信息化系统,重点解决用户在实际安全监测工作中整编效率较低、分析深度不够、监控不及时、部署维护困难、安全监测布置分散等问题。系统的具体研发需求体现在以下五个方面。

1. 提高安全监测资料整编分析水平

现阶段,一般采用人工方式进行安全监测资料整编分析,其工作量大、效率低、时效性差,且受限于现场基层工作人员的专业技术水平,整编分析成果在规范性、分析深度等方面往往达不到要求,无法真正达到安全监测反馈设计、指导施工及运行的目的;另外,由于调水工程规模巨大、建设周期很长,人工整编分析的资料及相关档案难以长期规范保存,无法保证施工期与运行期监测资料的无缝衔接;因此,迫切需要通过信息化手段提高安全监测资料整编分析水平。

2. 弥补安全监测专业技术人员不足

安全监测工作涉及水工结构、岩土工程、工程测量、工程地质、通信工程、自动化控制、软件工程等多个学科专业,然而,培养能够完全胜任安全监测工作的专业技术人员并非一日之功;即使有能够胜任安全监测工作的专业技术人员,由于现场工作环境较差、工作强度较高、职业晋升空间有限等原因,他们也难以长期服务于基层工程运行管理单位,导致了安全监测专业技术人员长期缺乏。因此,有必要开发一套简单易用、专业分析功能齐全的安全监测信息化系统,使得普通技术人员能够运用信息化系统来替代安全监测专业技术人员完成安全监测专业分析工作。

3. 提升安全监测信息化程度

目前,大多数调水工程中使用的安全监测信息化系统主要是安全监测自动化系统配套的采集软件,其功能较为单一,技术较为陈旧,一般采用单机版模式,主要实现安全监测数据的自动化采集,具备一定的数据查询及管理功能,缺少专业数据分析功能;因此,需要紧密结合安全监测业务需求,运用云计算、大数据等新一代信息技术,融合安全监测理论与方法,有效提升安全监测工作的信息化水平及数据挖掘深度。

4. 便于用户部署及运行维护

除安全监测自动化系统配套采集软件外,由于安全监测系统专业性强、水工建筑物类型多样等原因，调水工程安全监测系统一般采用定制开发的模式，投资较大，且需要单独购置服务器进行部署，后期运维及升级也较为困难；另外，安全监测信息化系统重建轻管现象普遍存在，系统维护人员缺失，导致系统逐渐荒废，无法正常发挥作用，造成了投资及软硬件资源的浪费。因此，亟须提供一套便于用户部署且易于维护升级的信息化系统。

5. 实现安全监测集中管控

大型调水工程是一项综合性的水利工程，工程往往涉及长达几百甚至上千千米的地域范围，包含水源工程、输水工程、供水工程等众多种类的工程建筑物；因此，调水工程布置的安全监测系统相对比较分散，不同部位的监测系统相对独立，无法实现有效的互联互通，也较难掌握工程的总体安全状况，因此，迫切需要实现引调水安全监测信息的集中管控，实现工程总体安全状态的实时监控。

8.3.2.2 系统总体架构

长距离复杂调水工程安全实时监测及预警智慧管理平台基于通用化设计，能够实现各类水工建筑物工程安全信息的高效管理、安全监控与可靠预警。

长距离复杂调水工程安全实时监测及预警智慧管理平台总体架构如图 8-11 所示，它将系统划分为基础设施层、平台层、应用层和用户层四个层级以及所依赖的标准规范体系、保障环境及安全体系。

1. 基础设施层

基础设施层主要为整个系统运行所依赖的基础设施，包括网络设备、存储设备、安全设备、服务器以及 Hadoop 集群等，是整个系统基础运行的支撑平台。基础设施层可以采用阿里云、亚马逊 AWS 等公有云、私有云或混合云，甚至可以简化为仅需必要的服务器及网络环境。

2. 平台层

平台层主要为整个系统运行提供平台服务，包括数据平台以及应用支撑平台。其中，数据平台用来存储安全监测数据、巡检数据、历史文档资料等结构化、非结构化数据，包括安全监测数据库、非关系型数据库、空间数据库以及文件系统；支撑平台主要为系统所用到的支撑软件平台，包括 Java 开发环境、Hadoop、ArcGIS 以及定制开发的数据交换服务。

3. 应用层

应用层主要为具体的系统功能应用，主要包含数据采集、数据管理、数据整编、资料分析、报表报告、巡视检查、安全评价、监控预警、工程管理和系统管理等功能应用。

4. 用户层

用户主要包括业主单位、设计单位、施工单位、监理单位、主管单位以及拥有权

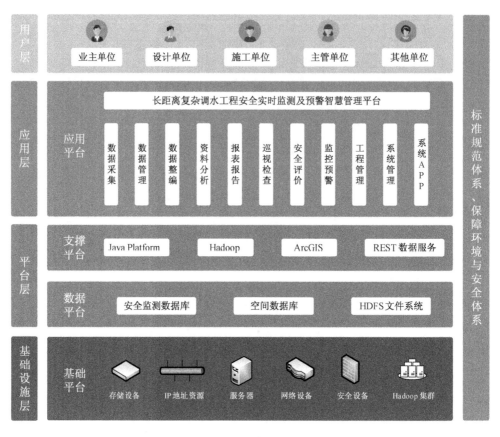

图 8-11 系统总体架构

限的用户;各类用户在各种权限范围内使用系统。

5. 标准规范体系、保障环境及安全体系

标准体系是贯穿于整个系统的标准定义和规范定义,提供全体人员均能遵守和理解的语义,避免因为标准和规范不统一而引起问题。信息安全体系在整个系统上提供安全保障,包括系统总体的安全、硬件网络层的安全、操作系统的安全、数据库的安全、服务的安全和业务应用的安全。

8.3.2.3 系统关键技术

长距离复杂调水工程安全实时监测及预警智慧管理平台主要基于 SaaS 云服务模式进行开发,并采用 B/S 和 C/S 混合的开发模式、面向服务的体系结构和MVC 架构等新一代信息化关键技术。

1. 基于 SaaS 云计算模式

美国国家标准与技术研究院(NIST)将云计算定义为"一种利用互联网随时随

地、便捷、按需地从可配置计算资源池中获取所需资源的计算模式",云计算按照服务类型可以分为基础设施及服务(IaaS)、平台及服务(PaaS)和软件及服务(SaaS)三类。目前云计算已广泛应用在互联网、企业办公系统、视频会商等领域,在水利行业中的应用也在逐渐增多。

长距离复杂调水工程安全实时监测及预警智慧管理平台是基于 SaaS 云计算模式的云平台,以按需购买、按量付费的模式提供给用户;经授权的用户通过互联网即可访问系统服务,使用安全监测数据采集、管理、整编、分析及监控预警等系统功能。基于 SaaS 云计算模式避免了系统的重复开发与部署,节约了软硬件资源投入,为用户提供了低成本软件解决方案,并且降低了系统运维和升级的难度与成本。

长距离复杂调水工程安全实时监测及预警智慧管理平台采用 Spring Boot 2 结合 Dubbo 的微服务架构技术进行开发,适合大规模应用场景,能够根据接入安全监测工程的数量及规模,动态调整硬件及网络资源,从而确保系统稳定可靠运行。

2. B/S 和 C/S 混合模式

目前常见的软件系统采用的开发模式主要包括 C/S 模式(Client/Server,客户端/服务器)和 B/S 模式(Brower/Server,浏览器/服务器)。C/S 模式和 B/S 模式各有优劣,C/S 模式适用于对人机交互和安全性要求高、数据处理量大的系统,而 B/S 模式适用于具有分布式特性、有大规模应用需求的系统。见图 8-12 和图 8-13。

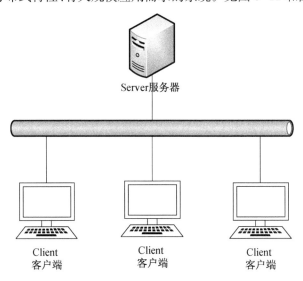

Server服务器

Client
客户端

Client
客户端

Client
客户端

图 8-12　C/S 模式网络结构图

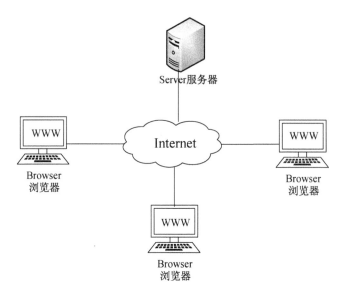

图 8-13　B/S 模式网络结构图

长距离复杂调水工程安全实时监测及预警智慧管理平台选用 B/S 模式作为系统的主要开发模式；同时，针对批量数据整编、报告生成以及部分离线分析计算功能，采用 C/S 模式进行开发，作为 B/S 模式的一种补充，两种模式的优势互补，能够构建稳定可靠且性能优越的安全监测管理平台系统。C/S 和 B/S 混合模式示意图如图 8-14 所示。

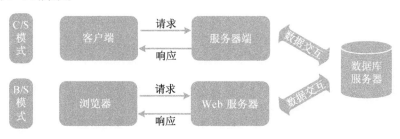

图 8-14　C/S 和 B/S 混合模式示意图

3. 面向服务的体系结构

长距离复杂调水工程安全实时监测及预警智慧管理平台采用面向服务的体系架构方法（SOA，Service Oriented Architecture），它可以根据需求通过网络对松散耦合的粗粒度应用组件进行分布式部署、组合和使用，它将各个功能模块封装成独立的模块化 Web 服务，在服务间利用标准化数据接口进行通信。SOA 定义了三种角色：服务注册中心、服务提供者和服务消费者；其中，服务注册中心进行服务的存储和检索,并为服务消费者提供接口;服务提供者进行服务的构建,并将其发布在服务注册中心上;服务消费者通过服务的调用完成相应的业务逻辑。SOA 体系结构模型示意图如图 8-15 所示。

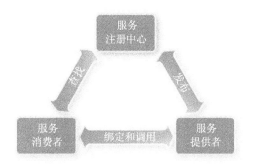

图 8-15　SOA 体系结构模型示意图

4. MVC 架构

MVC 全称为 Model-View-Controller,是模型(Model)-视图(View)-控制器(Controller)的缩写,MVC 架构将平台系统的业务程序划分为模型(Model)、视图(View)和控制器(Controller)三种核心部件;其中,模型是用于处理用户任务的部分,实现具体的业务处理;视图是软件系统中直接面向用户的界面显示部分;控制器是处理用户交互的部分,通常负责从视图读取数据、向模型发送数据和向视图返回数据。MVC 架构示意图如图 8-16 所示。

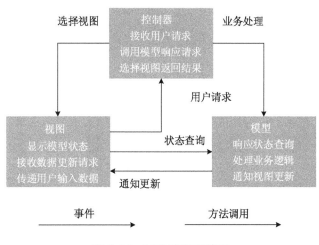

图 8-16　MVC 架构示意图

8.3.2.4 系统功能结构

长距离复杂调水工程安全实时监测及预警智慧管理平台集成长距离复杂调水工程安全智能巡检系统的功能,并实现安全监测的数据采集、传输、存储、管理、整编、分析及预警;平台包括数据采集、数据管理、数据整编、资料分析、报表报告、巡视检查、安全评价、监控预警、工程管理、系统管理等功能模块,并配备系统 APP。系统总体架构如图 8-17 所示。

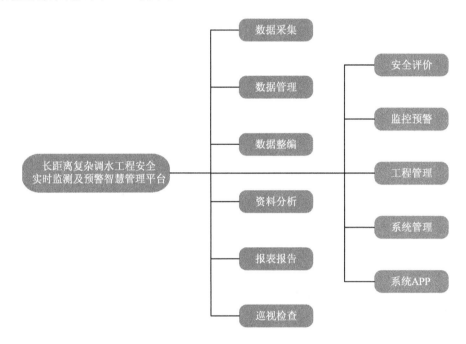

图 8-17　系统总体架构

(1) 数据采集:调用自动化系统提供的数据采集接口实现安全监测信息的自动化采集,能够实现在线采集、巡回采集以及特殊工况下的触发采集。

(2) 数据管理:实现安全监测数据、环境量监测数据的增、删、改、查等管理操作,支持数据导入及导出功能,并提供过程线、组合图、分布图等多种数据成果展现方式。

(3) 数据整编:实现数据误差处理、特征值统计、数据整编成册等功能。

(4) 资料分析:包括相关性分析、渗流分析、应力应变分析以及统计模型分析等功能。

(5) 报表报告:实现报表报告模板定制,并根据模板生成周报、月报、年报等安全监测报表报告。

（6）巡视检查：集成智能巡检系统，实现巡检项目管理、巡检路线管理、巡检结果上传及展示等功能。

（7）安全评价：实现安全评价指标体系管理，并根据监测数据、巡检成果评价工程安全状态。

（8）监控预警：提供安全监控指标拟定方法，支持监控指标的自定义，并实现实时监控预警。

（9）工程管理：实现工程信息、安全监测结构信息等工程相关信息的管理。

（10）系统管理：实现用户管理、角色管理、权限管理及日志管理。

（11）系统 APP：提供移动端应用系统，便于移动办公。

各功能模块界面如图 8-18 至图 8-28 所示。

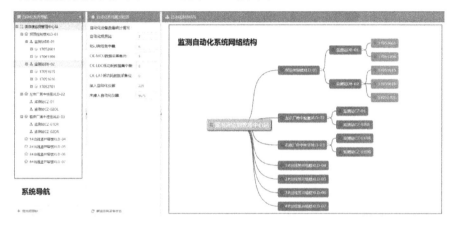

图 8-18　数据采集界面

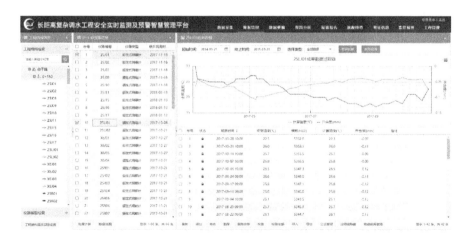

图 8-19　数据管理界面

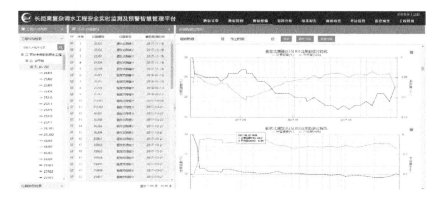

图 8-20　数据整编界面

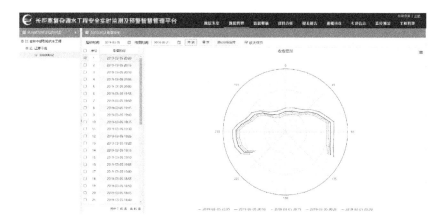

图 8-21　隧洞收敛变形监测

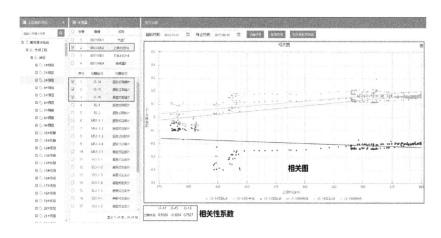

图 8-22　资料分析—相关性分析界面

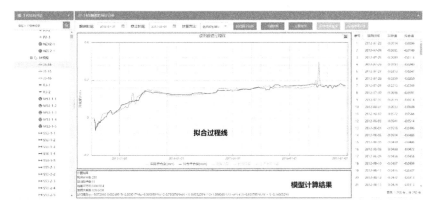

图 8-23　资料分析—模型分析界面

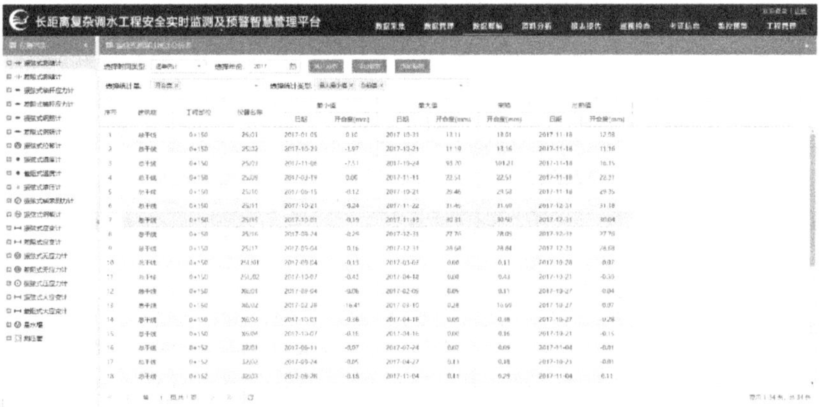

图 8-24　报表生成界面

图 8-25　巡视检查界面

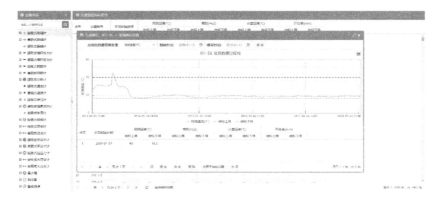

图 8-26　监控预警界面

图 8-27　系统用户管理

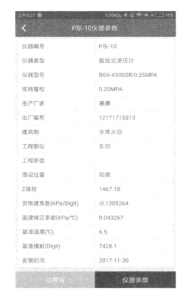

图 8-28　系统 APP

8.3.3 长距离复杂引调水工程安全监测智能化管理技术

8.3.3.1 水工程安全监测的"三度"理念

从本质上来说,水工程安全监测是一种主观见之于客观的科学实践活动。建立水工程安全监测体系,可对数据进行采集、分析和反馈,提供数据支持、模型支持和扩展支持,监控工程风险,守护工程安全,实现工程安全、经济、高效兴利除害的目标。换言之,监测的目的不是为了获得数据,而是要获得对工程的认识,以便掌控工程风险,保障工程安全。

为成功开展这一科学实践活动,充分发挥水工程安全监测体系中"人"的主观能动性,把水工程安全监测工作做好做实,基于多年的监测实践,我们认为在监测的规划设计、施工和运行管理各阶段要践行"三度"的理念:

(1)要从哲学的高度来把握水工程安全监测"应该做什么"和"能够做什么"。在对水工程结构及其安全监控体系全寿命过程的工作性态进行整体把握时,要坚持唯物辩证论的世界观以及普遍联系、层次化结构和动态演变的系统观,把握工程性态变化中具体的因果关系;要紧密围绕安全监测中特别是运行阶段的主要矛盾,即大洪水、地震等不利环境影响,人为破坏、管理不善等风险因素与工程结构抗力(稳定、强度、刚度和耐久性)的矛盾,以及安全相关信息的需求与有效供给这一次要矛盾,特别是水工程风险这一最活跃主动的因素;要把握矛盾的特殊性,考虑工程结构的长与短、高与低、曲与直、远与近、离散与连续、局部与整体、运动与静止等不同特点,因地制宜选择监测技术手段;要把握"质"和"量"的统一即"度",确定工程性态的发展阶段,选择数据采集的时间点,不错过关键阶段的数据,并选择合适的分析模型和监控指标分析监测数据时空演变规律;此外,主观认知上需妥善处理必然与偶然、主观与客观、模糊与精确、数量与质量、定性与定量、历史与现实等矛盾,才能在水工程风险管控的过程中获得比较到位的认识,做出合乎实际的判断和明智的决策。

(2)要从理性的角度来把握水工程安全监测合理的范围和程度,在资源投入方面不能不计成本、不计后果。技术上,我们要考虑采用的"硬件"和"软件"是否实用可靠,能否满足各种条件下长期监测的需要,是否足够先进并适应未来发展的需要;经济上,我们要考虑投入是否和监测对象的价值或风险匹配,是否存在资源投入过度的情况;安全上,我们要考虑是否因为监测仪器设备的引入而给原来的工程结构带来了风险,是否减小了结构的有效尺寸,是否影响施工及给工程带来了实体质量缺陷,是否因为设备或电缆过于集中而形成了渗漏通道,是否因为监测系统防雷接地不合格,给相关系统带来雷电破坏风险。

(3) 要自始至终秉承真诚的态度。态度决定高度,态度决定成败。对于任何水工程,客观上都或多或少存在我们不知道的未知的风险因素。工程安全无小事,水工程安全监测是地地道道的良心活,从业人员必须时刻保持"战战兢兢、如临深渊、如履薄冰"的谨慎心态,不忘初心,慎终如始,求真务实,才能把值得做的事做好做实。同仁堂的信条:"修合无人见、存心有天知","炮制虽繁必不敢省人工、品味虽贵必不敢减物力"应该成为所有监测从业人员的座右铭。

8.3.3.2 水工程安全监测智能化的"四化路线"

水工程安全监测智能化是智慧水利中水工程建设的重要组成部分。基于上述的"三度"理念,考虑到前述水工程设计、施工、运行中面临的各种主客观上的不确定性、监测工作的特殊性和局限性以及现有人工智能技术的成熟度,水工程安全监测智能化不宜估计过高,近期现实可行的功能目标是:建立具备"泛在互联、透彻感知、深度分析、精细管理、个性服务"能力的水工程安全监测体系,在做好信息化的前提下,超越信息化,实现能动化,对于工程既有缺陷隐患看得见、说得清,未来安全风险想得透、管得住。水工程安全智能化监测体系的定位是:日常运行中当好风险预警安全可放心的守护人,应急处置时当好灾害防控决策可依赖的助手。

考虑到上述水工程安全智能化监测体系的功能目标定位,"硬件""软件""数据"和"人"的完美结合将是水工程安全监测智能化的主流方向。具体地,水工程安全监测要超越常规信息化,实现能动化,必须做好如下四个关键环节(即"四化"):

(1) 监测自动化:利用基于物联网的智能传感器,仪器监测全过程自动化(即传感器埋设后遂行自动化),外部变形监测自动化,巡视检查视频监控自动化,以及其他物联网、云计算、大数据等新一代信息通信技术等手段实现泛在互联、透彻感知,保障动态实时数据源源不断,关键时刻一直在线。

(2) 全信息化:所谓全信息化,即基于面向系统和对象,信息化内容包括主体信息、支撑信息、效用信息等。对于工程安全而言,全信息化包括对工程设计、地质、施工、环境、结构状态、运管和模型相关信息等进行全面的收集和管理。信息包括客观信息和主观信息,静态信息和动态信息,结构化信息和非结构化信息。

(3) 可视化:一幅图胜过千言万语。受限于人脑在信息感知和推理方面的处理能力,在大数据时代,对海量的数据必须进行可视化的凝练萃取。考虑到水工程安全监测系统信息的使用者有多层次的需求,我们应针对不同层级的用户需求,建立工程性态专题图册,以可视化的方式展示工程安全相关信息的时空分布规律、因果关联关系、风险事件演进过程。这样在工程风险管控过程中,特别是在应急抢险过程中,我们可以及时掌握工程性态和工程风险,做出合乎实际的判断和明智的决策。

（4）模型化：模型化是智能化的核心，是水工程风险管控中实现风险指引、动态监控、主动应对的关键。如果将数据比作石油和电力，模型就是发动机。模型有多种，如物理模型、半物理模型、数学模型。数学模型包括人工智能各种算法，以及其他确定性模型、混合模型、随机模型等。不同的模型有不同的作用，如统计模型可以把握随机现象中的统计规律，非线性模型可以把握非线性过程。人工智能中深度神经网络是某种非线性函数对未知函数在有限样本数据上映射关系的拟合。模型有结构化和非结构化之分，也有不同的层次之分。水工程安全监测智能化最重要的基础模型应是基于数字孪生技术（Digital Twin）建立工程对象及其安全监控体系的统一信息物理模型，水工程安全监测体系的四要素高度融合，聚焦于工程总体安全，可进行仿真分析、预测、诊断、模拟演练，并将仿真结果进行反馈，工程对象与安全监测体系特别是"人"实现无缝衔接，辅助工程安全风险监控优化和决策。

如前所述，水工程全寿命过程中内蕴各种不确定性。没有自动化，就难以及时获得结构和环境的实时性态；没有全信息化，水工程风险防控的判断和决策将失去坚实的基础；没有可视化，"人"将被"数据"淹没；没有模型化，"人"对水工程的认识最多停留在主观、表面、片面、静止、孤立的层次上。总之，全信息化、可视化和模型化是超越常规信息化，实现智能化的关键所在。

8.3.3.3 地下洞室施工、地质、监测信息融合的可视化分析

为满足地下洞室等施工及运行管理监测需要，需开发监测数据库、工程设计施工信息数据库、图形库和分析模型库四位一体化信息管理与反馈分析系统，实现监测资料适时可视化分析以及现场对地质信息及时分析判断、施工和支护方案适时优化，通过监控模型分析，提供监测数据时空动态分析与预测以及超限报警，达到指导施工、为施工服务的目的。系统分为监测信息管理及分析子系统和 Web 查询子系统。前者采用客户机/服务器的结构，后者采用浏览器/服务器的结构。其中监测信息管理及分析子系统又分为系统管理、监测信息管理、施工地质巡视信息管理、图形分析、数学模型、综合分析推理、综合查询等七大模块。此处主要介绍信息可视化功能。

1. 综合过程线

用于多个监测物理量、多个测点的过程线检查及各类输出，具有对测值的误差处理、回归分析、特征量统计等多种功能。

2. 相关图、包络图

对某一具体建筑物，可绘制出任意两个监测量之间的相关关系曲线，包括环境量（水位、气温等）和监测量之间、监测量和监测量之间的相关关系曲线。当两监测

量测时不对应时,系统自动进行相互插补。相关图上可以调用相关分析功能,包括简单及多项式相关分析等,选择后将显示回归方程、相关系数及剩余量标准差,同时绘出相关关系曲线。

3. 一维分布图

对某一具体建筑物,绘制出具有一维分布特征的多个测点某一个测时的测值在空间上的分布曲线。对于除测斜仪以外的项目,一维分布图提供以下功能:

(1) 图形界面调整:包括测值平行投影显示、测值透视投影显示、测值分布三维显示。

(2) 图形内容调整,包括:

① 图形标记调整(连线、标记或连线加标记);

② 根据分析的需要重新设置分布曲线的基准日期;

③ 切换显示全部测值;

④ 切换显示包络域;

⑤ 切换显示刻度线;

⑥ 切换显示标记(在有缺测时有效);

⑦ 切换显示"测值"或"空间差值"。

对于测斜仪,除上述功能外,图形内容调整提供以下功能:测值内容调整,可以切换显示"测值"或"空间差值";监测量选择,可以切换显示各测点 A 向测值、各测点 B 向测值、各测点合位移测值或各测点合位移方向空间分布图。

4. 断面分布图

地下洞室的主要监测仪器为多点位移计和锚杆应力计,监测反映了围岩的变形及应力的分布情况。系统对各监测断面图形、测点的几何信息以及监测数据进行了组织,采用多种可视化方法对监测数据进行显示。

系统设置了 3 种图形方式:

(1) 测线(测点)分布图:该种图形以测线为横坐标,绘制各测时同一测线测点的分布曲线,为默认方式。如图 8-29 所示。

(2) 孔口位移分布图:以测线为测值坐标,孔口为零点,连接各测线孔口测点的测值,形成孔口测值分布曲线。如图 8-30 所示。

(3) 等值域图:某一测时的测值等值域图。多点位移显示区域包括了固定点。锚杆应力计显示区域为测点范围。如图 8-31 所示。

系统提供 4 种方式对监测量的变化过程进行检查分析:

(1) 过程线比较:可选择测点,在分布图界面同时显示过程线供比较分析。

(2) 过程线分析:选择测点进入综合过程线分析,可对所选测点变化过程做进一步处理和分析,其中包括多个测量的趋势性变化比较分析等。

(3) 分布过程图:可选择某一条测线,绘制出该测线的分布过程图。分布过程图以测点空间位置为纵坐标,时间为横坐标,以不同颜色表示某一时刻的具体量值(插值生成),形成了某一维方向的测值随时间变化的等值域图,从图中可以直观了解测值分布的变化情况。如图 8-32 所示。

(4) 差值分布过程线:该种图形的调用过程及图形形式和分布过程图相同,差别仅在于物理量内容为测点之间的差值。利用该图形易于发现测值异常的位置及发生日期。

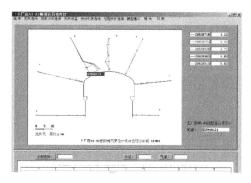

图 8-29　监测量测线分布图

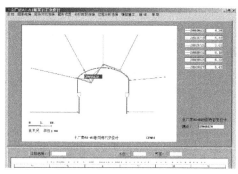

图 8-30　孔口位移分布图

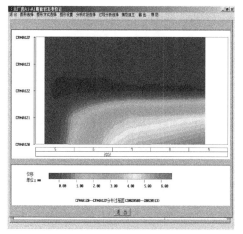

图 8-31　分布过程等值域图

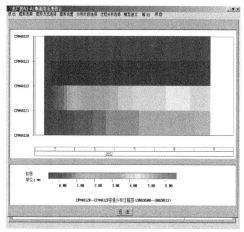

图 8-32　差值分布过程图

5. 施工过程形象显示

利用斜线图全面反映施工进度。任一开挖掌子面或支护(喷混凝土、系统锚杆)分段被概化为一个点,其施工进度采用具有无回转、单值等特点的时间函数加以描述。斜线图的纵坐标为洞室轴线距离,以左端点为零点,同时标注了与距离对应的桩号;横坐标为时间,以日期为单位,同时标注了对应的时间长度(d),时间坐标与最近的施工进度的日期一致。

对于开挖,根据具体的开挖分层以及分步确定开挖掌子面分区,再根据实际的施工进程确定同一掌子面分区在不同时期开辟的掌子面(掌子面代码保证唯一性)。在确定同一掌子面分区是否需增加新的掌子面时,根据已定义的掌子面的施工进度是否满足无回转、单值的特点而定。如满足,可延续使用;否则需增加新的掌子面。

同样地,对于支护(喷混凝土、系统锚杆),根据具体的开挖分层以及分步确定开挖支护分段,再根据实际的施工进程确定同支护分段在不同时期开辟的工作区段(支护代码保证唯一性)。根据已定义的支护工作区段的施工进度确定是否增加新的支护工作区段。

对于开挖,系统利用三视图显示或三维图形方式描述某一时刻的工程形象。三视图中以不同的颜色区分开挖区,开挖完的区域用背景颜色表示,从而可以建立起工程几何形象。三视图中还标出了主要观测断面的位置并显示有关信息。

对某具体日期的工程形象还可以进行三维显示。图形设有两种方式:一种是图形中实体部分表现已开挖部分,另一种是将来未开挖部分表现为实体。

系统提供施工信息与监测量过程线之间的比较分析功能。进行某一建筑物施工过程显示时,可同时选择该建筑物的某一监测断面的监测物理量。

6. 施工过程影响分析

施工期监测量的主要影响因素来自两个方面:其一为时间效应,假定没有任何施工作业条件下,由于围岩蠕变引起的监测量随时间的变化,其特征为速率减小,测值趋于稳定的变化。其二为空间效应,即开挖工作面的推进引起的监测量的变化。变化一般呈"S"形,掌子面与监测断面的距离接近 K 倍洞径时(K 由围岩材料参数决定),监测量的变化速率开始增加,随着掌子面通过监测断面,有一速率快速加大的阶段,之后随着掌子面远离监测断面,速率逐渐减小,监测量趋于稳定。上述时间效应和空间效应为正常荷载作用下监测量的变化特征。

对多分步开挖的地下工程,每一工作面通过某一监测界面时都会对监测量产生空间效应,因此有必要将施工过程与监测量的变化过程一起进行比较分析。为此,采用同一时间坐标的施工进度与监测量的组合过程线图形,施工进度用斜线图描述。利用位置关系,可以自动确定各工作面通过某一测点所在断面的时间。同时,过程线还显示包括测点位置,各工作面通过测点所在工作面的时间等信息,可以作为分析空间效应的主要工具。

应指出的是,当结构出现局部调整或异常情况时,监测量早期变化特征也是变化速率不断增加。从安全监测的角度来说,目的是尽早发现异常的速率变化。为此需要根据工作面的进展情况进行分析以判断监测量、速率增加的影响因素正常与否。

通过系统管理菜单选择施工过程影响分析,可进一步进行监测物理量及测点的选择(同一建筑物)。

对监测量的空间效应进行分析时,需要了解施工作业通过监测断面的日期及进度,包括洞室开挖、围岩支护等内容。斜线图的具体内容可能根据分析需要进行选择。

提供对某一监测量做进一步定量分析的功能。有两种方式:一种是用右键点击某一测点编号框后,进入统计分析时效分量选择,图中标识各掌子面经过所选测点位置的日期。分析人员可根据监测量变化的具体情况,点击鼠标确定某一多项式组合因子的起始位置。确定一个起始日期,相当于设置一组"S"形过程的因子。除多项式因子之外,还设置了简单时间函数及同期性因子作为基本因子集。另一种方式为对某一测点进行较复杂的任选因子分析。选择某一监测量之后,选择任选因子回归分析,可进入回归分析因子选择模块的初始界面。与一般统计回归分析不同的是,在时效因子选择时,程序自动提供施工过程对当前分析测点可能的影响信息,供分析人员参考。如图 8-33 所示。

采用上述不同方法对具体测点的统计模型分析可以用于实时监控。

7. 地质信息图

系统可显示测点相关断面的地质信息图,便于分析人员进行离线综合分析时了解监测断面范围的地质构造信息。如图 8-34 所示。

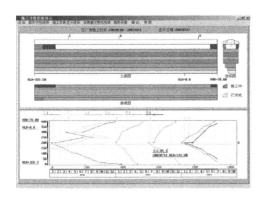

图 8-33　施工信息显示

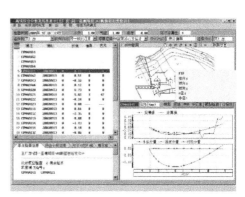

图 8-34　地质信息图

8.4　大数据技术应用研究

8.4.1　大数据技术简介

英国 *Science* 杂志在 2008 年 9 月发表了一篇名为 *Big Data：Science in the Petabyte Era* 的文章，首次提到了"大数据"的概念。大数据有着"4V"特征，即 Volume(容量大)、Variety(种类多)、Velocity(速度快)和最重要的 Value(价值密度低)。

对大数据进行处理，通俗地讲，就是相关性分析，寻找数据背后的规律本质，关键是在种类繁多、数量庞大的数据中快速获取信息。随着互联网、物联网和云计算技术的迅猛发展，不仅数据的数量以指数形式递增，而且数据的结构越来越趋于复杂化，数据也成为一种新的自然资源，亟待人们对其加以合理、高效、充分的利用。

大数据处理首先是获取和记录数据；其次是完成数据的抽取、清洁和标注以及数据的整合、聚集和表达等重要的预处理或处理(取决于实际问题)工作；再次需要一个完整的数据分析步骤，通常包括数据过滤、数据摘要、数据分类或聚类等预处理过程；最后进入分析阶段，在这个阶段，各种算法和计算工具会施加到数据上，从而计算得到用户想要看到或者可以解释的结果。

大数据处理流程如图 8-35 所示。

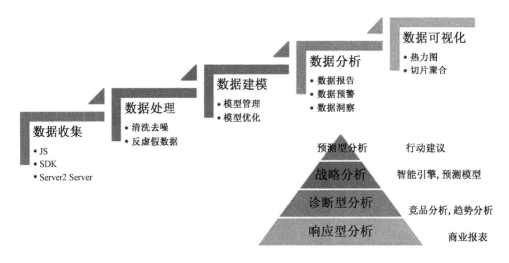

图 8-35　大数据处理流程

8.4.2　大数据关键技术

在长距离复杂调水工程长效安全运行智慧管理技术与示范平台中搭建了基于 Hadoop 的大数据平台,采用 HDFS 存储系统管理非结构化数据,如视频、文档等工程安全相关资料,并引入 MapReduce 分布式计算模式,提高分析和计算效率;在安全监测分析中,集成基于 Spark MLlib 的大数据模型算法,实现安全监测大数据分析。

8.4.2.1　大数据平台技术

Hadoop 作为目前最为流行的大数据平台,为使用者提供了一个可靠性与数据流通性并存的框架。Hadoop 平台可以在较为廉价的商业性硬件上进行部署,有效地降低了大数据技术在硬件成本上的门槛;另外,Hadoop 通过 Map/Reduce 的计算范式实现了控制集群进行分布式计算,并在应用层面上实现了自动化的节点故障处理,保障了高可靠性的服务。

CDH(Cloudera Distributed Hadoop)是 Cloudera 根据 Apache 发行的 Hadoop 版本进行整合优化后释出的 Hadoop 发行版之一;与 Apache 版本不同,CDH 集成了多种配合 Hadoop 进行大数据处理的组件和补丁,可直接部署于生产环境;通过 Cloudera Manager 直观的用户界面快速部署,配置和监控群集,完成滚动升级、备份和灾难恢复以及可定制警报。

8.4.2.2　大数据存储技术

1. HDFS

HDFS(Hadoop Distributed File System)是 Hadoop 平台下储存管理的基础,它提供了一个高可靠性、高容错度、高吞吐量的文件系统。HDFS 采用 Master/Slave 架构,即在典型的 HDFS 系统中,一个 NameNode(管理者)负责管理文件系统的操作并管理多个 DataNode;NameNode 并不是将 DataNode 作为独立单一的逻辑储存整体,而是将 DataNode 中各个存储硬件独立认知为单独储存器,有效地提高了 HDFS 的吞吐量和读写效率。

2. HBase

HBase 是一种基于 HDFS 建立的数据库,一种开源的、可伸缩的、严格一致性的分布式存储系统。HBase 存储的是松散型数据,其存储的数据介于映射(key/value)和关系型数据之间。HBase 的表能够作为 MapReduce 任务的输入和输出,可以通过 Java API、REST、Avro 或者 Thrift 的 API 来访问数据。

HDFS 是 Hadoop 体系中数据存储管理的基础。它是一个高度容错的系统,能检测和应对硬件故障,用于在低成本的通用硬件上运行。

HDFS 简化了文件的一致性模型,通过流式数据访问,提供高吞吐量应用程序数据访问功能,适合带有大型数据集的应用程序。它提供了一次写入多次读取的机制,数据以块的形式,同时分布在集群不同物理机器上。HDFS 的中枢为处于指挥位置并储存有元数据(metadata)的 NameNode,而 DataNodes 则负责把数据储存在相应的数据块(Blocks)中。

3. NoSQL 数据库

在 Hadoop 生态体系外,还有很多非关系型数据库(NoSQL),NoSQL 数据库的产生是为了解决大规模数据集合多重数据种类带来的挑战,尤其是对大数据的应用;其中较为流行的有 MongoDB、Redis、Cassandra 等。

NoSQL 数据库主要分为 4 类:键值(Key-Value)存储数据库、列存储数据库、文档型数据库和图形(Graph)数据库。其中,MongoDB 作为基于分布式文件存储的开源数据库系统,是非关系数据库当中功能最丰富的,在大数据和数据挖掘方面非常流行;Redis 是一个基于 Key-Value 的存储系统,结构简单、易于部署,通常被用来提供缓存服务;Cassandra 是一个面向列的混合型非关系数据库,与 HBase 类似。

8.4.2.3 大数据分析技术

1. MapReduce 分析模式

MapReduce 是一种分布式计算模型,用以进行大数据量的计算。它屏蔽了分布式计算框架细节,将计算抽象成 Map 和 Reduce 两部分,其中 Map 对数据集上的独立元素进行指定的操作,生成键-值对形式的中间结果。Reduce 则对中间结果中相同"键"的所有"值"进行规约,以得到最终结果。MapReduce 非常适合在大量计算机组成的分布式并行环境里进行数据处理。

在长距离复杂调水工程安全实时监测及预警智慧管理平台中,通过 Hadoop 的 Java API 调用 MapReduce 执行分布式数据采集、批量任务处理、模型计算等系统计算任务。

MapReduce 模型操作流程如图 8-36 所示。

2. Spark

Spark 是一个围绕处理速度、易用性和复杂分析构建的大数据处理引擎,提供了一个全面、统一的框架用于管理各种有着不同性质(文本数据、图表数据等)的数据集和数据源(批量数据或实时的流数据)的大数据处理需求。

与 Hadoop 的 MapReduce 类似,Spark 使用 HDFS 作为大数据的数据源,利用 Hadoop 集群进行分布式计算。与 MapReduce 不同的是,Spark 使用弹性分布式数据集(RDD)对 HDFS 中的数据进行抽象化,将 Job 的中间输出结果保存在内存中,能够加快计算速度,特别适合数据挖掘和机器学习算法的多次迭代计算。

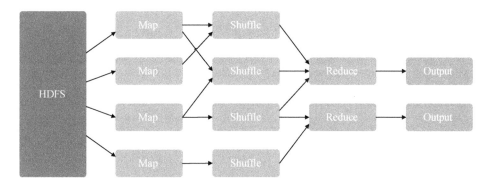

图 8-36　**MapReduce 模型操作流程**

Spark MLlib 是 Spark 项目中的一个常用机器学习算法库,由一些可扩展的通用学习算法和工具组成,支持分类、回归、聚类、协同过滤、降维等需要对大量数据集进行迭代的操作,同时还包括底层的优化原语和接口 API。

3. TensorFlow

TensorFlow 是谷歌基于 DistBelief 研发的采用数据流图(data flow graphs)用于数值计算的开源软件库,最初用于机器学习和深度神经网络方面的研究,但这个系统的通用性使其也可广泛用于其他计算领域。TensorFlow 主要使用 Python 进行相关程序的编写,同时也支持 C++ 和 Java 等多种语言环境。

TensorFlow 的计算基于张量,在计算中对其进行表达时使用多维数组作为张量的数据结构,支持包括神经网络等多种深度学习算法模型,例如卷积神经网络(CNN)、多层反馈循环神经网络(RNN)和长短期记忆网络(LSTM)等。

8.4.2.4　大数据可视化技术

大数据可视化是利用多种图形将大数据信息进行直观展示,相较于传统数据报表的格式可以更鲜明地传达大数据信息的关键特征,从而实现多视图整合、多维度数据分析,并具备交互联动和大屏展示功能。随着 WebGL、Canvas 等技术标准的普及,越来越多的可视化工具为大数据可视化提供技术支持,如 Highcharts、百度 ECharts、D3. js 等。

8.4.3　大数据平台应用示例

调水工程智能监控系统面向用户开放使用,随着在线运行的工程数量的增加,会逐渐积累形成海量的多源异构安全监测数据及资料,传统存储及计算方法已无法满足系统应用需求,因此,在数据存储、并行计算以及数据挖掘等方面应用了大数据技术,以提高系统的可用性及性能。

8.4.3.1 大数据平台架构

调水工程安全监测大数据平台架构如图 8-37 所示,分为数据采集层、数据收集层、数据存储层以及数据应用层。

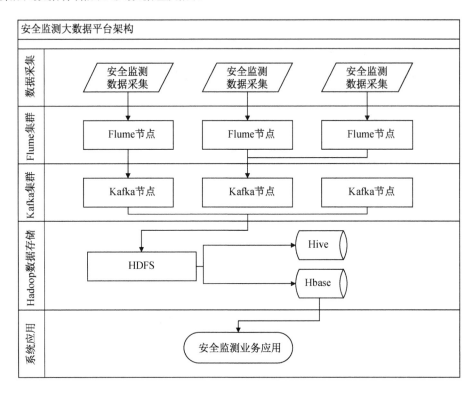

图 8-37 安全监测大数据平台架构

（1）数据采集层:主要由现场安全监测传感器、水雨情传感器、视频摄像头以及其他监测监控设施组成,为安全监测大数据平台的数据源。

（2）数据收集层:采用 Apache Flume 和 Apache Kafka 作为分布式的数据流处理平台,并针对安全监测不同类别的数据构建独立的实时的流数据管道,从而可靠地获取采集系统收集的数据,并在数据采集终端后建立多节点的数据发布系统,保证了系统在数据收集阶段的高可用性和高稳定性。

（3）数据存储层:基于 Hadoop 大数据平台的 HDFS 存储大坝安全监测结构化与非结构化数据。

（4）系统应用层:利用大数据分析技术以及系统集成技术,开发安全监测业务系统,实现安全大数据分析、展示及综合应用,具体包括安全监测数据管理、统计分析、监控预警等业务应用。

在实验环境下,采用 CDH 开源版本以及普通服务器搭建了安全监测大数据集群,具体的大数据集群配置如表 8-1 所示。

表 8-1　大数据集群配置表

序号	主机名	节点类型	主要配置
1	Master1	NameNode	2 核、8 G 内存、1 TB 硬盘
2	Master2	SecondNameNode	2 核、8 G 内存、1 TB 硬盘
3	Slave1	DataNode	2 核、8 G 内存、1 TB 硬盘
4	Slave2	DataNode	2 核、8 G 内存、1 TB 硬盘
5	Slave3	DataNode	2 核、8 G 内存、1 TB 硬盘
6	Slave4	DataNode	2 核、8 G 内存、1 TB 硬盘

大数据集群采用双 Master 服务器设计,其中 Master1 为主 NameNode,Master2 作为备份。集群网络通过交换机进行互联,并设有备份交换机。如有外部应用调用大数据服务,需通过防火墙连接 Master 服务器调用大数据接口进行操作。

大数据集群网络拓扑结构图如图 8-38 所示。

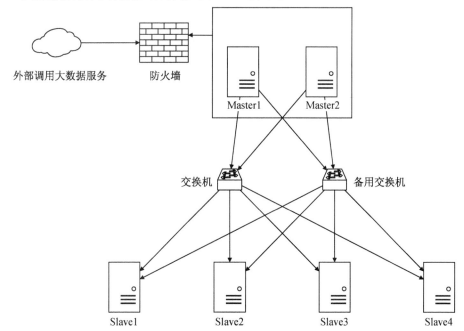

图 8-38　大数据集群网络拓扑结构图

8.4.3.2 安全监测大数据存储

在调水工程智能监控系统中,使用 Hadoop 中的 HDFS 作为数据存储的基础,主要存储安全监测相关的视频资料以及巡视检查获取的视频、音频以及图片等资料;另外,采用 HBase 存储安全监测测点资料以及测点时序数据,业务系统通过读取 HBase 进行数据操作及分析。

8.4.3.3 安全监测大数据模型分析

作为关系国计民生的水利行业,尤其是长距离调水工程,其安全监测布置一般具有采集点多、分布广等特点,并且随着自动化水平的提高,产生的监测数据快速增长、数据体量越来越大、数据种类越来越多,在一定程度上具备大数据的特性。借助大数据处理平台(Hadoop、Spark 等),深入挖掘大坝安全监测海量数据的潜在价值,实现数据信息的共享和专业化分析服务,利用场景分析、数据建模、数据挖掘进行智能展示和决策支持,能够提升工程安全监测资料分析水平,也会对未来的工程安全管理工作带来深远影响。

本课题利用大数据技术进行了监测资料算例分析。采用专为大规模数据处理而设计的快速通用的计算引擎 Spark,简单而低耗地把各个处理流程整合在一起,并且提供了基于 Java、Python、Scala 和 SQL 等的 API。将 Spark 中提供的机器学习库 MLlib 引入长距离复杂调水工程安全实时监测及预警智慧管理平台中,利用其中提供的机器学习算法,如决策树、随机森林、GBDT 实现对监测效应量的回归分析,比常规的多元回归方法以及逐步回归方法具有更好的拟合效果。

算例如图 8-39~图 8-41 所示。

图 8-39   基于决策树的安全监测效应量回归分析

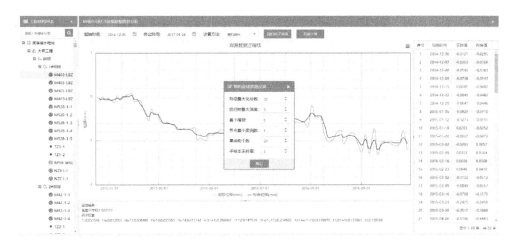

图 8-40　基于随机森林的安全监测效应量回归分析

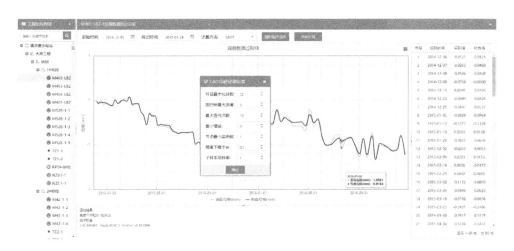

图 8-41　基于 GBDT 的安全监测效应量回归分析

8.5　本章小结

本章结合前文所述相关研究内容,主要阐述了如何将智慧管理技术应用于长距离复杂调水工程中,以提高工程多源信息的利用效率并为后续应急处置决策提供技术支撑。

基于第 7 章调水工程运行风险分析的成果,建立了基于历史信息的工程信息库,包括典型建筑物与历史险情库、工程影响因子库及典型建筑物灾变模式库。通过数据库集成使得其建筑物组成、历史险情信息及相关工程影响因子的关联性更加紧密,将信息统一编码整合,便于调用。

本章还对工程安全信息的收集分析及管理过程进行了优化,通过分析传统巡检存在的不足,构建了智能巡检系统,并对其功能结构进行了详细说明。除对智能巡检技术进行优化之外,本章还提出了一套工程安全实时监测及预警智慧管理平台,其优点在于功能齐全、简单易用、维护方便,重点解决用户在实际工作中整编效率较低、分析深度不够、监控不及时、部署维护困难、安全监测布置分散等问题。

最后,介绍了目前正兴起的大数据技术,包括大数据平台搭建、数据储存、分析、可视化等一系列关键技术,并展示了包括监测数据分析在内的相关应用示例。

参考文献

［1］王浩. 中国未来水资源情势与管理需求[J]. 世界环境,2011(3):16-17.

［2］栗谦. 收敛量测技术在引滦入津输水隧洞的应用[J]. 铁道标准设计,1998(3):11-13.

［3］吴全立. 收敛量测对隧道施工的指导意义[J]. 建井技术,1999(1):43-45.

［4］孙大伟,邓海峰. 小浪底上中导流洞施工中的收敛变形安全监测[J]. 地下空间与工程学报,2007,3(8):1476-1479+1489.

［5］邹红英,肖明. 地下洞室开挖松动圈评估方法研究[J]. 岩石力学与工程学报,2010,29(3):513-519.

［6］何勇军. 大坝安全监测与自动化[M]. 北京:中国水利水电出版社,2008.

［7］吴中如,顾冲时,胡群革,等. 综论大坝安全综合评价专家系统[J]. 水电能源科学,2000,18(2):1-5.

［8］赵斌,吴中如,顾冲时,等. 神经网络在大坝安全评判专家系统中的应用[J]. 大坝观测与土工测试,1998(2):16-19.

［9］刘成栋,何勇军. 大坝安全实时分析与评价系统开发[C]. 大坝安全与堤坝隐患探测国际学术研讨会,2010.

［10］沈振中,陈允平,王成,等. 大坝安全实时监控和预警系统的研制和开发[J]. 水利水电科技进展,2010(3):68-72.

［11］王志亮,李筱艳,侯军玺. 某隧道工程的参数反演及围岩稳定边界元分析[J]. 岩土工程技术,2001(3):176-179.

［12］刘勇,袁鸿鹄,王芝银,等. 浅埋水工隧洞参数反演与安全影响评价[J]. 工程地质学报,2011,19(6):902-908.

［13］Shou K J. A three-dimensional hybrid boundary element method for non-linear analysis of a weak plane near an underground excavation[J]. Tunnelling and Underground Space Technology incorporating Trenchless Technology Research,2000,15(2):215-226.

［14］Gil-Martin L M,Pena-Garcia A,Hernandez-Montes E,et al. Tension structures:A way towards sustainable lighting in road tunnels[J]. Tunnelling and Underground Space Technology incorporating Trenchless Technology Research,2011,26(1):223-227.

［15］吴昊,张子新,徐营. 优化反演理论在隧道围岩参数反演中的应用[J]. 地下空间与工程学

报,2007,3(6):1162-1167.

[16] 宋彦刚,张志强,李宁.跟踪施工过程的仿真反演分析法在紫坪铺工程导流洞中的应用[J].水利水电技术,2002,33(11):23-25.

[17] 郝哲,万明富,刘斌,等.韩家岭隧道围岩物理力学参数反分析[J].东北大学学报,2005,26(3):300-303.

[18] 傅志浩,肖明.地下工程围岩稳定反馈分析研究[C].地面和地下工程中岩石和岩土力学热点问题研讨会,2007.

[19] 朱珍德,杨喜庆,郝振群,等.基于粒子群优化 BP 神经网络的隧道围岩位移反演分析[J].水利与建筑工程学报,2010,8(4):16-20.

[20] 吴中如.水工建筑物安全监控理论及其应用[M].北京:高等教育出版社,2003.

[21] 谷艳昌,何鲜峰,郑东健.基于蒙特卡罗方法的高拱坝变形监控指标拟定[J].水利水运工程学报,2008(1):14-19.

[22] 虞鸿,李波,蒋裕丰.基于威布尔分布的大坝变形监控指标研究[J].水力发电,2009,35(6):90-93.

[23] 杨健,牛春功.混凝土坝应力应变监控指标研究[J].安全监测,2012,38(10):87-89.

[24] 郑桂水.引滦隧洞安全评估系统研究[D].北京:清华大学,2002.

[25] 韩国宏,王汝慈.南水北调中线工程交叉建筑物水毁风险分析[J].水文,1995(3):1-7.

[26] 夏富洲.渡槽水毁及其他破坏的修复[J].湖北水利发电,2000(1):52-55.

[27] 冯平.长距离输水工程防洪风险问题的研究[C].2005 年新世纪水利工程科技前沿(院士)论坛,2005.

[28] 宋轩,刘恒,耿雷华,等.南水北调中线工程交叉建筑物风险识别[J].南水北调与水利科技,2009,7(4):13-15.

[29] 王栋,朱元甡.防洪系统风险分析的研究评述[J].水文,2003,23(2):15-20.

[30] 李青云,张建民.长江堤防安全评价的理论 方法和实现策略[J].中国工程科学,2005,7(6):7-13.

[31] 曹云.堤防风险分析及其在板桥河堤防中的应用[D].南京:河海大学,2005.

[32] 邢万波.堤防工程风险分析理论和实践研究[D].南京:河海大学,2006.

[33] 高延红.基于风险分析的堤防工程加固排序方法研究[D].杭州:浙江工业大学,2009.

[34] 王桂平,刘国彬.水工隧洞运营期风险管理应用研究[J].地下空间与工程学报,2009,5(4):820-824.

[35] 赵彦博.南水北调东线穿黄隧洞风险管理模型研究[D].济南:山东大学,2015.

[36] 李爱花,刘恒,耿雷华,等.水利工程风险分析研究现状综述[J].水科学进展,2009,20(3):453-459.

[37] 刘涛,邵东国,顾文权.基于层次分析法的供水风险综合评价模型[J].武汉大学学报:工学版,2006,39(4):25-28.

[38] 孙昊苏.基于层次分析法的南水北调 PCCP 管线管护风险分析[J].河南水利与南水北调,

2018,47(2):33-35.

〔39〕赵然杭,陈超,李莹芹,等.南水北调东线工程山东段突发事故风险评估[J].南水北调与水利科技,2017,15(4):180-186.

〔40〕曹丽.基于人工神经网络的工程项目风险管理研究[D].西安:西安理工大学,2006.

〔41〕Jay W. Forrester.论系统动力学建模[J].董江林,译.系统工程,1987(3):34-41.

〔42〕邓丽,华坚.重大水利工程项目决策社会稳定风险评估中的公众参与博弈[J].水利经济,2017,35(3):12-18.

〔43〕李宁,段小强,陈方方,等.围岩松动圈的弹塑性位移反分析方法探索[J].岩石力学与工程学报,2006,25(07):1304.

〔44〕杨志法,王思敬.岩土工程反分析原理及应用[J].岩土工程界,2004(5):11.

〔45〕郭凌云,肖明.地下工程岩体参数场反演分析应用研究[J].岩石力学与工程学报,2008,27(增2):3822-3826.

〔46〕李维树.隔河岩电站洞群围岩松动圈检测及其厚度分析[J].长江科学院院报,1995,12(2):44-48.

〔47〕张平松,刘盛东,吴荣新,等.峒室围岩松动圈震波探测技术与应用[J].煤田地质与勘探,2003,31(1):54-56.

〔48〕蔡成国,孟照辉,熊昌盛.围岩松动圈地球物理方法检测[J].西部探矿工程,2004(7):87-89.

〔49〕宋宏伟,王闯,贾颖绚.用地质雷达测试围岩松动圈的原理与实践[J].中国矿业大学学报,2002(4):370-373.

〔50〕陶颂霖.爆破工程[M].北京:冶金工业出版社,1979.

〔51〕臧秀平,刘升宽,董涛.露天矿爆破振动参数衰减模型研究[J].有色金属:矿山部分,2005,57(5):31-33.

〔52〕Kavanagh K T, Clough R W. Finite element applications in the characterization of elastic solids[J]. International Journal of Solids & Structures,1971,7(1):11-23.

〔53〕Ulrich T J, Mccall K R, Guyer R. Determination of elastic moduli of rock samples using resonant ultrasound spectroscopy[J]. Journal of the Acoustical Society of America,2002,111(4):1667-1674.

〔54〕Maier G, Gioda G. Optimization methods for parametric identification of geotechnical systems[M]. Springer Netherlands,1982.

〔55〕None. Indirect identification of the average elastic characteristics of rock masses :Gioda,G Proc International Conference on Structural Foundations on Rock, Sydney,7-9 May 1980, P65-73. Publ Rotterdam:A A Balkema,1980[J]. International Journal of Rock Mechanics & Mining Sciences & Geomechanics Abstracts,1981,18(2):24.

〔56〕Gioda. Some remarks on back analysis and characterization problems in geomechanics[J]. International Journal of Rock Mechanics and Mining Sciences & Geomechanics Abstracts,

1986,23(5):176.

［57］Gioda G,Maier G. Direct search solution of an inverse problem in elastoplasticity:Identification of cohesion,friction angle and in situ stress by pressure tunnel tests［J］. International Journal for Numerical Methods in Engineering,2010,15(12):1823-1848.

［58］Gioda G,Jurina L. Numerical identification of soil-structure interaction pressures［J］. International Journal for Numerical & Analytical Methods in Geomechanics,2010,5(1):33-56.

［59］杨志法,王思敬,薛琳. 位移反分析法的原理和应用［J］. 青岛建筑工程学院学报,1987(1):15-22.

［60］冯紫良,杨志法,洪赓武. 关于弹塑性位移反分析可行性的研究［C］. 第四届全国岩土力学数值分析与解析方法讨论会.

［61］王芝银,刘怀恒. 黏-弹-塑性有限元分析及其在岩石力学与工程中的应用［J］. 西安矿业学院学报,1985(1):89-108.

［62］王芝银,杨志法,王思敬. 岩石力学位移反演分析回顾及进展［J］. 力学进展,1998(4):488-498.

［63］王芝银. 空间轴对称蠕变位移反分析［C］. 第二届全国岩石力学数值计算与模型实验学术研讨会,1990.

［64］王芝银,袁鸿鹄,汪德云,等. 基于量测位移的隧洞围岩弹性抗力系数反演方法［J］. 工程地质学报,2013,21(1):143-148.

［65］李云鹏,王芝银. 黏弹性位移反分析的边界元法［J］. 西安矿业学院学报,1989(1):17-23.

［66］刘怀恒. 支护荷载反演及安全度预测［J］. 西安科技大学学报,1991,11(4):1-8.

［67］刘怀恒. 地下工程位移反分析——原理,应用及发展［J］. 西安矿业学院学报,1988(3):3-13.

［68］Decheng Z,Xiaowei G,Yingren Z. Back analysis method of elastoplastic bem in strain space. Proceedings of the sixth International Conference on Numerical Methods in Geomechanics,11-15 April 1988,Innsbruck,Austria. Volumes 1—3［M］. Publication of Balkema,1988.

［69］朱维申,何满潮. 复杂条件下围岩稳定性与岩体动态施工力学［M］. 北京:科学出版社,1995.

［70］朱维申,朱家桥,代冠一,等. 考虑时空效应的地下洞室变形观测及反分析［J］. 岩石力学与工程学报,1989,8(4):346-346.

［71］薛琳,郄玉亭,杨志法. 确定流变岩体的参数及地应力的位移反分析法［J］. 地质科学,1986(4):63-72.

［72］薛琳. 黏弹性岩体力学模型识别与参数反演解析方法研究［J］. 工程地质学报,1995(1):70-77.

［73］薛琳,方保金. 模型识别与参数反演解析方法在隧道工程中的应用［J］. 水利学报,1997(5):49-53.

［74］薛琳.圆形隧道围岩蠕变柔量的确定及黏弹性力学模型的识别[J].岩石力学与工程学报，1993,12(4):338-344.

［75］吴海青.岩体力学中反演问题的多元参数择优法及其应用[J].岩石力学与工程学报,1987(3):59-72.

［76］郑颖人,张德澄,高效伟.弹塑性问题反演计算的边界单元法[C].中国土木工程学会隧道及地下工程学会年会,1986.

［77］郑颖人,赵尚毅,张鲁渝.用有限元强度折减法进行边坡稳定分析[J].中国工程科学,2002,4(10):57-61+78.

［78］郑颖人,赵尚毅.有限元强度折减法在土坡与岩坡中的应用[J].岩石力学与工程学报,2004,23(19):3381-3388.

［79］夏强,王旭升,Poetere,等.锦屏二级水电站隧洞涌水的数值反演与预测[J].岩石力学与工程学报,2010,29(A01):3247-3253.

［80］余远国,沈成武.隧洞工程弹性参数反演的可辨识性及量测优化布置探讨[J].岩土力学,2010,31(11):3604-3612.

［81］冷先伦.深埋长隧洞TBM掘进围岩开挖扰动与损伤区研究[D].武汉:中国科学院研究生院(武汉岩土力学研究所),2009.

［82］董建良,吴欢强,傅琼华.基于事件树分析法的大坝可能破坏模式分析[J].人民长江,2013,44(17):72-75.

［83］罗优,陈立,郝婕妤,等.均质土石坝不同因素与漫顶破坏模式的内在联系[J].武汉大学学报(工学版),2014,47(5):610-614.

［84］姚霄雯,张秀丽,傅春江.混凝土坝溃坝特点及溃坝模式分析[J].水电能源科学,2016(12):83-86.

［85］张建国.水利工程渠道渗漏问题分析和改善措施研究[C].2015年建筑科技与管理学术交流会,2015.

［86］赵庆乐.渠道常见病害的防治[J].科技与企业,2012(8):224.

［87］王昆,何志攀,宋加升.岩溶区长输水线路隧洞典型地质灾害类型及防治对策[C].中国水利电力物探科技信息网学术年会,2012.

［88］郑颖人,徐浩,王成,等.隧洞破坏机理及深浅埋分界标准[J].浙江大学学报(工学版),2010,44(10):1851-1856.

［89］张文东,马天辉,唐春安,等.锦屏二级水电站引水隧洞岩爆特征及微震监测规律研究[J].岩石力学与工程学报,2014,33(2):339-348.

［90］刘克传.湖北涵闸泵站水工建筑物存在问题及处理[C].第五届全国混凝土耐久性学术交流会,2000.

［91］于秀香.引黄济青输水工程运行中金属结构存在的几个问题[J].山东水利科技,1995(2):37-38.

［92］邓学让.长距离泵站引供水工程试运行设计与实施应注意的几个问题[J].水利规划与设

计,2010(3):69-70.

[93] 段文刚,陈端,黄国兵,等.河道排水倒虹吸进口布置试验研究和设计原则[J].南水北调与水利科技,2009(6):369-373.

[94] 张劲松,徐云修.倒虹吸管的破坏分析及修补措施[J].中国农村水利水电,2000(3):6-8.

[95] 苑晓明.大型倒虹吸技术在施工中的应用及缺陷处理分析[J].交通标准化,2008(12):33-36.

[96] 裴松伟,刘树玉,赵顺波,等.地质变化对大型预应力混凝土倒虹吸结构受力影响的分析[J].长江科学院院报,2006,23(1):38-41.

[97] 吴文平,冯夏庭,张传庆,等.深埋硬岩隧洞围岩的破坏模式分类与调控策略[J].岩石力学与工程学报,2011,30(9):1782-1802.

[98] 陈鸿宇.探讨深埋长大水工隧洞施工技术[J].文摘版:工程技术(建筑),2016(4):252.

[99] 唐红.深埋硬岩隧洞围岩的破坏模式分类与调控策略的思考[J].建筑工程技术与设计,2017(2):402+405.

[100] 束加庆.深埋隧洞工程区初始地应力场研究及围岩稳定分析[D].南京:河海大学,2006.

[101] 于群.深埋隧洞岩爆孕育过程及预警方法研究[D].大连:大连理工大学,2016.

[102] 向天兵,冯夏庭,江权,等.大型洞室群围岩破坏模式的动态识别与调控[J].岩石力学与工程学报,2011,30(5):871-883.

[103] 郑颖人,赵尚毅.岩土工程极限分析有限元法及其应用[J].土木工程学报,2005,38(1):91-98.

[104] 张黎明,郑颖人,王在泉,等.有限元强度折减法在公路隧道中的应用探讨[J].岩土力学,2007(1):97-101.

[105] 王永甫.有限元强度折减法在隧洞稳定分析中的应用[D].重庆:重庆交通大学,2010.